THE ATHLETIC CHEF'S BI-KIN RECIPES

運動主廚 X 營養師

高蛋白增肌料理

瑞昇文化

鍛鍊強健的肌肉

　　我在上一本「雞胸肉食譜」中，專題介紹容易因加熱而口感乾柴，總是給人負面印象的雞胸肉烹調而成的各國料理。

　　雞胸肉不但具有消除疲勞的功效，高蛋白質、低熱量、低脂肪又經濟實惠，應該是健身者每日必吃的食材。了解其特性，掌握烹調訣竅，就能廣泛應用。我想藉此消除雞胸肉的負面形象。

　　本書的第2項重點是，標示出優質蛋白質和必需胺基酸數值的「胺基酸評量表」，介紹得分和雞胸肉一樣高的食材做成的各式料理。

　　說到得分高的食材其實也不是什麼特殊品項，而是大家平常就吃得到的食物。以廚師的立場重新搭配食材，寫出在家也能輕鬆烹調的美味食譜。

　　要擁有優美體態、鍛鍊強健肌肉，不僅要攝取優質蛋白質，也要吃乳清蛋白粉和營養補充品。但是平淡無味的飲食，很難讓原本以健康積極為目的的生活型態堅持下去。

　　持續訓練，反覆破壞及修復肌肉組織、增加肌肉量，改造成完美體態，這時該吃什麼好呢？雖然對此沒有明確解答，但本書若能幫助各位朝著理想邁進，打造、維持及鍛鍊出健美肌肉，就是我最大的幸福了。

　　傾聽身體的聲音，慎重挑選適合自己、家人及朋友的食材來烹調，希望這本書能成為長久實用的工具書，陪大家度過歡樂的生活時光。

2018年3月
OGINO餐廳
荻野 伸也

CONTENTS

本書的使用通則

●材料基本上是2人份。有些照片顯示的是1人份。

●不講究營養計算的食譜，以1人份計算。也有記載全數材料的例外情形。另外以簡明易懂的卡路里數字標示熱量值。

●飯類餐點部分，因為米飯不列入營養計算，可依喜好更改飯量，請在不同的菜色上加入喜歡的飯量數字做計算。

●奶油使用無鹽奶油。
帕馬森起司磨成粉後使用。

撮影／天方晴子
デザイン／矢内　里
編集／佐藤順子

THE ATHLETIC CHEF'S TRAIL-RUNNING and MOUNTAIN-CLIMBING

運動主廚
挑戰越野跑和登山

越野跑是什麼運動？

越野跑是以極輕裝備在沒有鋪設柏油的林道或山徑上競跑。

完賽時間基本上不超過標準登山路線的一半。其速度感和成就感，及邊跑邊欣賞隨著山勢、季節或氣候而異的大自然風光的爽快感，是馬拉松賽中感受不到，與之截然不同的運動。

就我而言，再加上登山（以攻頂為目標）項目，通常安排2天1夜的縱走路線，只會在中午前跑步。

【訓練】
開始越野跑和登山的契機是？

我從30歲起的10年間，參加長距離鐵人三項比賽。為了進行鐵人三項的訓練開始越野跑。鐵人三項賽季結束的初秋到開春期間，就在山岳地區的非柏油路面或登山步道上跑步。

我先騎單車到山頂柏油路面的盡頭，再換慢跑鞋，在登山步道上以最快的速度埋頭朝山頂邁進，攻頂後立刻回程下山。

不知不覺地發現攻頂本身相當有趣，便試著挑戰不同山區。在我廢寢忘食地調查山岳運動時，發現越野跑路線有50km、100km、400km等超乎想像的距離，及完賽時間有48小時～1星期的懸殊差異，引發了好奇心天性和挑戰精神。

我原本就不擅長名次競爭、縮短時間的運動，或許以自我步調完成登山或越野跑等與大自然及自己的競賽間，愛上了這項運動吧。

【訓練】
鐵人三項和越野跑該進行的肌力訓練有什麼不同？

鐵人三項的比賽項目是游泳、單車、跑步，講求全身肌力與極限持久耐力。而登山或越野跑十分倚重下半身。因此，要背著5kg重的背包跑步、上下樓梯或練習深蹲等，徹底鍛鍊下半身肌肉。

不過，登山要背重物，對上半身也是很大的負荷，所以會加入引體向上或核心肌群訓練。

雖說持久力要鍛鍊到鐵人三項的程度，但和項目固定的鐵人三項不同，登山時要再加上生存要素，特點是伴隨而來的精神壓力與緊張感。

【訓練】

每天最好持續同樣的訓練嗎？還是要改變項目？

最近非常忙碌，只能利用空檔時間努力做引體向上訓練或伏地挺身以提升肌力。當時間充裕時，就會要求自己延長運動時間，中間再加入數次深蹲、或慢跑、長距離騎乘單車等。

盡量記得每天持續訓練，但也要避免肌肉疼痛造成傷害，鍛鍊不同部位的肌肉。

利用越野跑或登山做訓練時，盡量背重物（多餘的裝備）登山。也可以主動將登山步道入口堆積如山的寶特瓶塞滿背包後爬上山頂。

從山頂一口氣跑下山時，可以鍛鍊到平常很難訓練、擔任減速重任的股四頭肌。即便是我，從海拔較高的山上下來時也會肌肉發抖。

要徹底鍛鍊此部位的話，就在進行鐵人三項的單車比賽時，想著趁這時候努力堅持，拼命地驅動雙腿。

【飲食‧營養】

要如何依訓練強度調整醣類？

雖然目前流行低醣飲食減肥法，但身體燃脂到某種程度後，如果不攝取適當醣類，就無法提升鍛鍊成效。

進行中等強度的鍛鍊項目時，運動飲料就綽綽有餘了。然而，長時間的登山運動，就要多帶點巧克力棒或飯糰等，在體力不支前及時補充。

比起訓練強度，不如依時間長短調整必要醣分（能量），決定登山的話，便確認行動時間，算出該帶的食物熱量。

【飲食‧營養】

為了比賽需求進行肌肉鍛鍊，請問訓練前後的飲食為何。

雖然最近都是視當時情況來飲食，即便如此練習前最好多攝取碳水化合物或醣類。

訓練後，最理想的飲食是在1～2小時內積極攝取蛋白質和碳水化合物。就我而言，會擬定5成碳水化合物、2成蛋白質，3成脂肪的菜單。

不過，這只針對長時間且激烈的有氧運動。肌力訓練等無氧運動後的飲食，我認為以減少脂肪和碳水化合物，增加蛋白質比例為佳。

最近下山後都吃肉類料理。我覺得與其注意該吃什麼，不如聽從大自然和身體的要求。

有很多做完單車或跑步訓練的顧客來我們的餐廳用餐，肌肉歷經相當程度的負荷鍛練後，就該補充足夠的肉類飲食。通常建議脂肪含量少的紅肉，如牛肉、鹿肉或小牛肉等。

本書中介紹的高蛋白質飲食，每道都是理想的訓練後餐點。

接著是題外話，我在最近的比賽中，慢慢了解自己的身體需要的是醣類，或是因汗水而流失的礦物質抑或是水分。

結論是，補充當時自己想要的飲食，藉此恢復體力，重新蓄滿能量，掌握住這種感覺即可。

【比賽】

長時間比賽或登山時最容易受到的傷害是什麼？要準備哪些營養補充品來預防？

鐵人三項的比賽時間經常超過12個小時，登山也是從日出活動到日落，營養補給相當重要。

無論哪種運動，都要靠身體尤其是下半身大量出力，一定要補充醣類燃料。但是，一直拿著巧克力或蜂蜜相當不方便，須分別攝取吸收率高的單醣類（蜂蜜或果凍等），和要花時間消化的多醣類（飯和麵包、蔬菜或水果等天然食物）。

一進入鐵人三項後半段賽程，因為跑步的上下震幅導致內臟承受長時間負荷，會累積相當程度的傷害。

因此有時會避開固體食物，只攝取液體。像這種時候，就要在一開賽時盡量攝取固體食物，累的時候再吃果凍或液體補給品，避免體力耗盡。

如果是登山，切記因為上山時呼吸困難，無法吃固體食物，只能補充水分，在山頂先補足能量，後續縱走或下山時也盡量隨時補充能量。

一旦遇到撞牆期（體力耗盡）就會失去判斷力或平衡感，甚至有發生重大事故之虞，因此請不要忍耐須充分補足能量。

順帶一提，在前幾天賽程約50km，累積海拔落差3600m的越野跑比賽中，我在抵達終點的9個半小時間補充了3223kcal的熱量。

●越野跑比賽時的營養補給（9個半小時／50km／累積海拔落差3,600m）

	熱量 kcal	碳水化合物 g	蛋白質 g	脂肪 g	鈉 mg
飯糰（梅子）4個	704	155.2	13.2	3.2	2388
飯糰（昆布）4個	780	168.8	16.8	4.4	2004
寶礦力500ml	125	31	0	0	245
可樂1公升	450	113	0	0	0
士力架巧克力3條	744	33.9	13.2	36.6	351
威德in果凍2包	360	90	0	0	86
味噌湯2杯	60	6.6	5.2	0	1576
合計	3223	598.5	48.4	44.2	6650
		74.3%	6.0%	12.3%	鹽分換算16.9g
		熱量比例			

自製補給品、行動糧

　　「補給品」、「行動糧」指的是進行登山、越野跑或鐵人三項等長時間比賽時選手攜帶的補充食品。因為仍在賽程中，容易拿取食用相當重要。還有簡單易開的包裝。自製的補給品或行動糧，以醣類為主增加卡路里，補充因汗水而流失的鹽分或礦物質避免腳部抽筋，關鍵在於該如何有效攝取。雖然市售品也不錯，但自製的話既好玩，又能符合自己的食量，更是經濟實惠！

　　以下介紹2種用米和米粉製成的補給品。在歐洲經常看得到用米做成的補給品。因為是日本人熟悉的食材，或許能重新發掘出新魅力。

鰮魚飯糰球和番茄飯糰球

　　飯糰可說是日本人的靈魂食物。也是相當棒的補給品，只要在配料花點功夫，就能同時攝取到礦物質、鐵質和醣類。

〔番茄飯糰球〕6個份（營養計算為1個份）
卡路里：103kcal／蛋白質：2.0g／醣類：11.8g

1　180g的米飯加2條西式香腸（切成1mm厚的圓片）、2大匙格呂耶爾起司（切絲）、1大匙番茄醬及20g奶油，用湯匙等混拌均勻。

2　用保鮮膜分裝成一口大小，封口扭緊成球狀即可。

〔鰮魚飯糰球〕6個份（營養計算為1個份）
卡路里：81kcal／蛋白質：2.6g／醣類：11.2g

1　180g米飯加20g魩仔魚、3條鰮魚（切碎）、2大匙鹽漬蘿蔔葉、少許檸檬汁及1大匙橄欖油，用湯匙等混拌均勻。生蘿蔔葉含有豐富礦物質，可避免腳部抽筋。

2　用保鮮膜分裝成一口大小，封口扭緊成球狀即可。

米餅棒

　　米粉製成的營養棒。米粉是很棒的食材，優點是比麵粉好加熱，因為不含麩質利於消化吸收。容易變得乾硬，所以請放在夾鏈袋中攜帶。特點是加了蜂蜜後，時間再長也不易硬化。

原味米餅
（米粉90g、豆漿90cc、蜂蜜2大匙、奶油20g）

〔麥片米餅棒〕（營養計算為總量）
卡路里：430kcal／蛋白質：6.2g／醣類：62.0g

1　將米粉、豆漿、蜂蜜和奶油放入調理盆中，不包保鮮膜直接放入600w的微波爐內加熱1分鐘。

2　取出後充分拌勻再加熱2分鐘。此為原味米餅。

3　將原味米餅混合均勻，取一半加入2大匙麥片拌勻。剩下的一半用來做巧克力棒。取擀麵棍擀平後分切成適口大小即可。

〔巧克力米餅棒〕（營養計算為總量）
卡路里：597kcal／蛋白質：8.3g／醣類：77.5g

1　取麥片米餅棒作法3的半量原味米餅，加入2大匙麥片和30g切碎的巧克力混合均勻。

2　用擀麵棍擀平後分切成適口大小即可。

"BI-KIN" 打造健美體態

藤田敦子小姐籌畫的健身房開幕了。本身也在鍛鍊腹肌，吃「OGINO」的美味餐點瘦身，打造健美體態。

運動主廚荻野伸也先生。餐廳每晚都有單車選手等健壯的運動員前來用餐。

打造健美體態的「健美訓練」，歸根究柢就是自我經營。我覺得健美是健康管理的最終成果。要持續控制飲食和運動兩者，必須擁有堅強的意志力。只要持續努力，就能鍛鍊出肌肉，這也是健身的魅力之一吧。

我們的身體約有40%是肌肉。肌肉由蛋白質組成。肌肉量通常在20多歲時達到巔峰，接著慢慢走下坡。為何有很多人到了40歲就覺得全身鬆弛？因為肌肉量正在減少。然而，肌肉量可以靠飲食和運動增長！而且年齡不拘！各種運動強度的必要飲食量不同，但共通點都是打造健美體態。

打造健美體態的5項重點

1 利用優質蛋白質生成健美肌肉

注重肌肉生長來源的蛋白質品質。

優質蛋白質指的是胺基酸分數100的食材（→16頁）。

肌肉在反覆分解和合成的過程中增大。負重運動會破壞肌肉（分解），藉由營養攝取和休息完成修復（合成）。如此反覆進行。負荷量大時肌肉就會增長。因為負荷量是鍛鍊肌肉的重點，必須運動到「啊～太吃力了」的程度。

那麼，要攝取多少增肌要素的蛋白質才夠呢？日常生活所需的蛋白質，成年女性1天是50g。以早上一顆蛋和1杯牛奶，中午一片魚肉、晚上一道肉品為標準。

健美訓練需要的蛋白質量必須配合體格做調整，因此14頁記錄了每kg體重的需要量，請依自己的體重做計算。

2 搭配醣類提升效率

醣類是熱量來源。在鍛鍊健美肌肉的過程中，是有效活化蛋白質，提高增肌效率的重要角色。

在我們的睡眠期間也會消耗熱量。30～40多歲女性日常消耗的熱量1天約為2,000kcal。當中有50～65%從醣類攝取最理想。醣類的熱量是4kcal/g，因此醣類需要量為2,000kcal×50～65%÷4kcal=250～325g。一碗米飯（150g）的醣分約是55g，請依此為參考值。

一旦醣類攝取不足，就會消耗蛋白質和脂質成為熱量。如果蛋白質分解成熱量，做為肌肉來源的蛋白質便會短少，因此要打造健美肌肉，適量的醣類相當重要。

3 利用維生素、礦物質、膳食纖維讓肌肉線條優美

維生素、礦物質是促進代謝的幫手，也是調理身體功能的元素。膳食纖維是除去老廢物質，調整腸內環境的清潔人員。每種都是打造健美體態不可缺少的養分。以下介紹各自的特色。

維生素 A	與成長相關的維生素，可以調節體內製造的蛋白質種類與數量。是健美肌肉的要素，有助於維持皮膚和黏膜的完整性，因此對打造健美肌肉而言是相當重要的維生素。並具有抗氧化及提升免疫力的作用。黃綠色蔬菜中的含量相當豐富。
維生素 D	提升鈣質吸收力。另外，也有數據顯示缺乏維生素D會造成肌力下降。因為肌肉收縮需要鈣質的參與，維生素D能有效幫助肌肉收縮。是和肌肉關係密切的維生素。因為陽光有助於身體合成維生素D，建議進行戶外訓練。
維生素 E	具有強大的抗氧化效果，可保護細胞膜。我們的身體由60兆個細胞組成。當細胞間進行代謝時，維生素E可維持體內代謝的平衡。和維生素C一起攝取的話，能延長維生素E的抗氧化作用。
維生素 B_1	將醣類轉換成能量的維生素。因為能有效產生能量，具有消除疲勞的功用。肉類中的豬肉，穀類中的玄米或胚芽米富含維生素B_1。蔥蒜內的大蒜素可提升吸收率，加在一起吃體力更充沛。
維生素 B_2	將醣類、脂質、蛋白質轉化成能量的維生素。也被稱作成長維生素，是代謝不可欠缺的養分。缺乏的話會引起口角炎或牙齦炎。維生素B_2不夠時，可能其他維生素也攝取不足，所以一旦患了口角炎須注意飲食。
維生素 B_6	和蛋白質代謝有關的維生素。蛋白質攝取量增加時也要額外補充維生素B_6的需求量。維生素B_6主要存在於肌肉間，動物性食物的肉類或魚肉含量相當豐富。另外，也可以透過腸道細菌在體內合成。

	維生素 C
	促進皮膚、骨骼及韌帶等組織的組成元素，膠原蛋白生長的維生素。不僅有美膚效果，還能調整支撐肌肉的骨骼狀態，讓肌肉柔軟有彈性。更能加強伸展效果。除了具抗氧化作用外，還能幫助鐵質吸收，是打造活力健美肌肉的必要養分。因為人體無法自行合成，也不能儲存在體內，是每餐必攝取的維生素。

	鈣質
	骨頭的主要成分。要擁有健美肌肉，支撐肌肉的骨骼也很重要。骨頭也會反覆進行新陳代謝，可藉由運動增強。另外，肌肉收縮和鈣質有密切關係，攝取足夠的鈣質，有助於肌肉和骨頭的鍛鍊。

	鐵質
	鐵質存在於血液中的紅血球，是將氧氣送到肌肉等各組織的重要功臣。沒有氧氣則無法提供運動所需的能量，所以是提高持久力不可或缺的礦物質。比起蔬菜，肉類或魚類中含有的鐵質比較好吸收。

	膳食纖維
	無法被人體消化酵素分解的營養素。主要存在於蔬菜或水果中。一邊吸附體內不要的廢物一邊送到大腸，也是腸道細菌的食物。調整腸道環境也對免疫力的提升相當有幫助。

　是否覺得養出柔軟的肌肉和打造美麗肌膚很類似。攝取各種維生素補充膠原蛋白，做伸展運動（肌膚按摩）排毒。

●1日所需營養素

	不太運動	進行散步程度的有氧運動	上健身房鍛鍊肌肉	跑步	高運動量
蛋白質	1.0～1.2g/kg體重	1.2～1.4g/kg體重	1.4～1.6g/kg體重	1.6～1.8g/kg體重	1.8g/kg體重
熱量	1800kcal	2000kcal	2200kcal	2400kcal	2600kcal～
醣類	225～290g	250～325g	275～355g	300～390g	325g～
維生素A	700μg	700μg	700μg	700μg	900μg～
維生素D	5.5μg	5.5μg	5.5μg	5.5μg	6.5μg
維生素E	6.0mg	6.0mg	6.0mg	6.0mg	6.0mg
維生素B₁	1.1mg	1.1mg	1.2mg	1.3mg	1.4mg～
維生素B₂	1.2mg	1.2mg	1.3mg	1.4mg	1.6mg～
維生素B₆	1.2～1.4mg	1.4～1.6mg	1.6～1.8mg	1.8～2.1mg	2.1mg～
維生素C	100mg	100mg	100mg	200mg	200mg
鈣質	650mg	650mg	650mg	650mg	800mg～
鐵質〔有/無月經〕	6.5/10.5mg	6.5/10.5mg	6.5/10.5mg	6.5/10.5mg	12mg～
膳食纖維	17g	17g	17g	19g	21g～

參考資料：
《日本人的飲食攝取標準2015年版》第一出版、《新版鍛鍊運動營養學　樋口滿編著》市村出版、《實用營養學　川端輝江編著》natsume社

4　掌握用餐時機，健美別做白工

　用餐時最聰明的做法是不僅蛋白質，連醣類也一起攝取。因為確保並補充熱量來源的醣類及增肌用的蛋白質，就是掌握住健美訓練的關鍵。

〔運動前〕

①醣類：空腹NG。因為一旦缺乏醣類做熱量來源，蛋白質就會分解成熱量。而且，燃燒脂肪也需要醣類。醣類先轉化成熱量後，就會開始燃脂。

②蛋白質（支鏈胺基酸BCAA）：要減少肌肉損傷，在運動前30分鐘攝取支鏈胺基酸（BCAA）最有效。因為BCAA既是肌肉合成原料，也是肌肉的能量來源，有助於降低肌肉分解。

〔運動後〕

①蛋白質（支鏈胺基酸BCAA）：運動後30分鐘內補充蛋白質的話，有益於肌肉修復。負責修復肌肉的成長荷爾蒙，其分泌量會在運動後30分鐘內達到頂點。最好是含有肌肉合成原料支鏈胺基酸（BCAA）的蛋白質。

②醣類：同時攝取蛋白質、醣類及檸檬酸（檸檬、柑橘類、醋、酸梅等）的話，能提升肌肉修復效果，肌肉能量來源的膠原蛋白也會提前再生。醣類也能減少肌肉損傷，擔任修復功能。

●BCAA含量高的食品

食品	份量	BCAA（mg）
雞胸肉	70g	3,010
鮪魚	70g	2,870
鰹魚	70g	2,800
鮭魚	70g	2,730
豬腿肉	70g	2,660
雞腿肉	70g	2,310
牛腿肉	70g	2,240
玄米飯	150g	1,890
白飯	150g	1,635
牛奶	200ml	1,360
加工起司	1片（20g）	1,020

5 調整生活作息～睡眠、壓力、免疫力～

聽過生理時鐘和生理作息的用語嗎？我們的身體每天進行著相同作息。原則上，白天消耗的體能會在晚上睡眠時修復。就是所謂的「一暝大一寸」。負責肌肉修復的成長激素，會在運動後30分鐘和就寢後1～2個小時（晚上10～半夜2點是黃金時間）分泌達到頂點。

每日的作息也會影響到代謝。因為和代謝相關的荷爾蒙，是由腦部下達指令分泌的。最好配合作息，每天規律地在相同時間攝取正確飲食。腸道也有自己的作息時間。白天腸道蠕動最活潑。證明是早上排便的人比較多。排泄可以調整腸道環境，有助於提升免疫力。

另外，突然增加運動量和強度的話，容易感冒或影響身體狀況。這是運動過激引起的免疫力下降所造成。主食、主菜、副菜搭配得宜的飲食是提升免疫力及解除壓力的對策。配合體內作息生活規律，以提升免疫力，打造抗壓性高的健美肌肉。

（山下圭子）

何謂胺基酸分數？

　　蛋白質是由20種胺基酸組合成的。大致可分為2類。分別是人體無法自行合成的必需胺基酸（9種），及可自行合成的非必需胺基酸（11種）。因為必需胺基酸只能從食物獲得，此處探討的即是這部分的品質。

　　針對人體所需的必需胺基酸，標示出食品含有的胺基酸比例即是胺基酸分數。胺基酸分數滿分為100，越接近100表示為優質蛋白質，是良好的增肌食物。

〔雞蛋、乳製品〕

雞蛋：維生素及礦物質含量比身為雙親的雞肉還豐富。蛋白不含這些維生素、礦物質，都在蛋黃裡面。蛋白蛋黃的胺基酸分數都是100。

起司：卡門貝爾起司、藍紋起司和巧達起司是天然起司。加工起司是天然起司加乳化劑製成的產品。富含鈣質。

優格：牛奶加乳酸菌發酵成的食品。發酵食品可調整腸道環境。和牛奶的營養價值大致相同，富含鈣質。

食品名稱	胺基酸分數	熱量（kcal）	蛋白質（g）	鈣質（mg）	鐵質（mg）	維生素A（μg）	維生素D（μg）	維生素E（mg）
雞蛋1個50g	100	76	6.2	26	0.9	75	0.9	0.5
卡文貝爾起司1片20g	100	62	3.8	92	0.0	48	0.0	0.2
加工起司1片20g	100	68	4.5	126	0.1	52	0.0	0.2
原味優格100g	100	62	3.6	120	—	33	0.0	0.1

〔肉類〕

牛肉：屬於紅肉，鐵質含量豐富。尤其是肝臟。每部位的胺基酸分數都是100。要擁有健美肌肉，建議選擇油脂較少的瘦肉。

豬肉：豬肉的特色是富含維生素B1，能充分地將醣類分解成熱量，對消除疲勞及預防中暑相當有效。

雞肉：含有豐富的咪唑二肽化合物（Imidazole dipeptide），能有效消除疲勞及提高持久力。雞胸肉的含量較多，約是雞腿肉的2倍。雞胸肉和雞柳的蛋白質含量也高於雞腿肉。

羊肉：含有豐富的必需胺基酸來源肉鹼（carnitine），能有效燃燒脂肪。另外，不飽合脂肪酸的含量比其他肉類豐富，可將壞膽固醇排出體外。

（每100g）

食品名稱	胺基酸分數	熱量（kcal）	蛋白質（g）	鐵質（mg）	維生素A（μg）	維生素B1（mg）	維生素B2（μg）	維生素B6（mg）
牛腿肉	100	140	21.9	2.7	1	0.09	0.22	0.35
牛肉片	100	209	19.5	1.4	3	0.08	0.20	0.32
牛肝	100	132	19.6	4.0	1100	0.22	3.00	0.89
牛絞肉	100	272	17.1	2.4	13	0.08	0.19	0.25
豬腿肉	100	128	22.1	0.9	3	0.96	0.23	0.33
豬肉片	100	183	20.5	0.7	4	0.90	0.21	0.31
豬肩里肌	100	226	17.8	0.5	6	0.66	0.25	0.30
豬絞肉	100	236	17.7	0.6	9	0.69	0.22	0.36
雞腿肉	100	127	19.0	1.0	16	0.12	0.19	0.31
雞胸肉	100	116	23.3	0.6	9	0.10	0.11	0.64
雞絞肉	100	186	17.5	0.3	37	0.09	0.17	0.52
羊腿肉	100	198	20.0	0.8 2.0	9	0.18	0.27	0.29

〔海鮮〕

青背魚：竹筴魚、沙丁魚、秋刀魚等就是所謂的「青背魚」，特色是富含脂肪。而且是多元不飽和脂肪酸，因為能調解生理機能，有助於預防文明病，算是優質脂肪。在人體無法自行合成，又稱必需脂肪酸，只能從飲食中攝取。

鮭魚：鮭魚的顏色是名為蝦紅素的色素。是強效抗氧化劑，對整體細胞膜都能發揮作用，在美容、消除疲勞及預防文明病的效果也頗令人期待。

白肉魚：鯛魚、鱈魚、鰈魚等白色肉身的魚，是高蛋白質低脂的食物。可減少卡路里又能攝取到蛋白質。膠原蛋白的含量也很豐富。

貝類：富含鈣質、鐵質、鋅等礦物質。因為身體容易缺乏這些營養素，最好定期攝取補充。鮮美物質琥珀酸的含量豐富也是特色之一。

蝦類：含有豐富的葡萄糖胺，是讓關節常保順暢的營養素。也是組成軟骨的成份。是骨骼靈活的必備物質。高蛋白質低脂也是特色之一。紅色的蝦身也是蝦紅素所造成。蝦殼的蝦紅素含量較多，若論功效以櫻花蝦最好。

（每100g）

食品名稱	胺基酸分數	熱量（kcal）	蛋白質（g）	脂質（g）	多元不飽和脂肪酸（g）	鈣質（mg）	鐵質（mg）
竹筴魚	100	126	19.7	4.5	1.22	66	0.6
沙丁魚	100	169	19.2	9.2	2.53	74	2.1
青魽	100	257	21.4	17.6	3.72	5	1.3
鯖魚	100	247	20.6	16.8	2.66	6	1.2
鮭魚	100	133	22.3	4.1	0.91	14	0.5
鮭魚卵	100	272	32.6	15.6	4.79	94	2.0
鰈魚	100	95	19.6	1.3	0.32	43	0.2
比目魚	100	126	21.6	3.7	1.17	30	0.1
鯛魚	100	177	20.9	9.4	2.44	12	0.2
鱈魚	100	77	17.6	0.2	0.07	32	0.2
蜆	100	64	7.5	1.4	0.19	240	8.3
蛤蜊	95	30	6.0	0.3	0.04	66	3.8
扇貝	83	72	13.5	0.9	0.15	22	2.2
牡蠣	89	60	6.6	1.4	0.32	88	1.9
文蛤	93	39	6.1	0.6	0.13	130	2.1
明蝦	88	97	21.6	0.6	0.12	41	0.7

〔豆類〕

黃豆：蛋白質含量豐富，被稱為「田裡的肉類」。另外，屬於多酚之一的大豆異黃酮，具抗氧化功效及促進荷爾蒙作用，還能預防動脈硬化、舒緩更年期症狀、改善骨質疏鬆症及手腳冰冷。

豆腐：由黃豆製成，所以屬於高蛋白質食物。板豆腐和嫩豆腐的材料幾乎相同，但營養價值卻不同，原因是製法中的水分含量差異。板豆腐是瀝乾水分後壓縮製成，養分也跟著濃縮。維生素B₁等水溶性營養素會溶於水中，所以嫩豆腐內的含量比較多。

（每100g）

食品名稱	胺基酸分數	熱量（kcal）	蛋白質（g）	鈣質（mg）	鐵質（mg）	維生素B1（mg）	維生素B2（μg）	維生素B6（mg）
黃豆（水煮）	100	140	12.9	100	1.8	0.01	0.02	0.01
板豆腐	100	72	6.6	86	0.9	0.07	0.03	0.05
嫩豆腐	100	56	4.9	57	0.8	0.10	0.04	0.06

蛋白質 ＋ 維生素・礦物質
＝優美肌肉！

有益健美的
蔬食配菜

　為了讓胺基酸均衡性高的蛋白質有效轉為肌肉，必須同時攝取維生素和礦物質。那麼，就用大量蔬菜搭配後續介紹的增肌料理吧！

① 白花椰庫斯庫斯

1 取1株花椰菜分成小朵後放入鹽水汆燙軟化。瀝乾水分用菜刀切成末狀。也可以用食物調理機攪打成末。

2 加入50g紫色洋蔥（切末）、1大匙洋香菜（切末）、1顆份的檸檬汁、1/2小匙鹽、少許胡椒、3大匙橄欖油後攪拌均勻即可。適合搭配燉菜等湯汁多的菜色。

熱量：396kcal／蛋白質：9.7g／醣類：13.6g

② 綠花椰火腿

1 取1株綠花椰分成小朵後放入鹽水汆燙，撈起瀝乾水分放涼。

2 綠花椰加3片里肌火腿（切成細條）、1顆份的檸檬汁、1/2小匙鹽、少許胡椒、2大匙橄欖油混合均勻即可。

熱量：405kcal／蛋白質：21.0g／醣類：5.9g

⑦

③ 德式馬鈴薯

1 取150g馬鈴薯（五月皇后）蒸熟後去皮，切成一口大小（→96頁）。

2 平底鍋中不倒油，放入2片培根（切成細條）和50g紫色番茄（切絲）翻炒。軟化後放入馬鈴薯，加鹽、胡椒調味。撒上洋香菜末炒勻即可。也可以換成喜歡的香草料（青蔥、羅勒、香菜等）

熱量：255kcal／蛋白質：6.7g／醣類：28.2g

⑧

④ 紅蘿蔔沙拉

1 取2根紅蘿蔔用起司刨絲器（孔狀）刨成粗絲，擰緊瀝出水分。

2 作法1加入1大匙葡萄乾、2小撮鹽、少許胡椒、1大匙紅酒醋、2大匙橄欖油混合均勻即可。

熱量：326kcal／蛋白質：2.4g／醣類：25.7g

※①～⑧的營養計算為總量數字。

⑤ 炒菠菜

1 取1把菠菜切除根部，再切成段狀。平底鍋中放入1片蒜頭（切末）和1大匙橄欖油用中火爆香，小心不要燒焦。

2 飄出香味後放入菠菜翻炒，加鹽、胡椒調味即可。

熱量：165kcal／蛋白質：4.5g／醣類：1.7g

⑥ 香煎鮮菇

1 取1盒鴻喜菇切除根部。8顆蘑菇對半切開。

2 平底鍋中倒入2大匙橄欖油，開大火放入①略為翻炒煎香。

3 煎上色後放入5g蒜頭（切末）、1/2小匙鹽及胡椒調味即可。

熱量：277kcal／蛋白質：6.5g／醣類：2.5g

⑦ 中東蔬菜球

1 取100g鷹嘴豆（乾燥）泡在水中靜置1晚。瀝乾水分放入食物調理機打碎。

2 再加入10g蒜頭攪打，放入2小撮鹽、少許胡椒、1/2小匙孜然粉、1大匙橄欖油攪拌。

3 攪拌均勻後揉圓成適口大小的球狀，撒上高筋麵粉，裹滿蛋液，沾上麵包粉（細狀）放入180℃的熱油中炸2分鐘即可撈起瀝油。

熱量：827kcal／蛋白質：26.8g／醣類：65.9g

⑧ 涼拌高麗菜

1 在調理盆中放入1/4顆高麗菜（切絲），用噴霧器噴水後包上保鮮膜，放入600w的微波爐中加熱2分鐘。

2 出水後用手擰乾，加入2大匙美乃滋、少許黑胡椒拌勻即可。

熱量：266kcal／蛋白質：4.3g／醣類：11.5g

全熟蛋。蛋黃完全熟透，呈現柔和奶黃色。

半熟蛋和
全熟蛋

　　基礎雞蛋料理。胖嘟嘟的外形及蛋黃和蛋白呈對比色。只有水煮蛋才會這麼可愛。直接吃也很美味，還能做成各式菜色或醬料，相當方便。多煮一些放在冰箱，4天內都好吃。

　　我最推薦的吃法是對半切開後在蛋黃上撒粗鹽。

熱量	蛋白質	醣類
76 kcal	6.2 g	0.2 g

※營養計算為1個的數字。

半熟蛋。蛋黃的蛋白質尚未完全熟透。縮短水煮時間就能吃到滑順的蛋黃。

1 把雞蛋放入鍋中，注意不要重疊。
▷ 請小心輕放，避免蛋殼破裂！

2 緩緩地注水入鍋，水量要蓋過雞蛋，開大火加熱。
▷ 雖說攪動熱水能讓蛋黃保持在中間，但可能會弄破蛋殼，所以此處省略。

3 水咕嘟咕嘟地煮滾後請轉小火。從火力轉弱開始計時6分半鐘是半熟蛋，9分鐘則是全熟蛋。
▷ 水一煮沸雞蛋就會滾動容易碎裂，所以要轉小火。

4 煮到喜歡的熟度後，用漏勺撈起水煮蛋放進裝了冰水的調理盆中。
▷ 如果不快速降溫，雞蛋就會因餘熱而過熟。

水煮蛋的應用變化

佐彩色沾醬

以下介紹3種讓水煮蛋美味升級的醬料。請拿著雞蛋沾醬品嘗吧。

BBQ醬（→24頁）
熱量：60kcal
蛋白質：1.5g
醣類：9.0g

歐羅拉醬
（→22頁）
熱量：120kcal
蛋白質：0.5g
醣類：5.3g

綠香草醬
（→23頁）
熱量：303kcal
蛋白質：1.0g
醣類：3.7g

歐羅拉醬雞蛋三明治

　　水煮蛋放入塑膠袋用手擠壓一下就壓碎
了。喜歡吃原味雞蛋的人，也可以把蛋切成
厚片抹上歐羅拉醬再夾起來。

熱量
508
kcal

蛋白質
21.2
g

醣類
45.5
g

1人份

水煮蛋　2個

歐羅拉醬＊　2大匙

　美乃滋　1大匙

　番茄醬　1大匙

吐司（8片切）　2片

＊美乃滋加等量的番茄醬攪拌均勻。

1 塑膠袋中放入水煮蛋用手壓碎後放進調理盆中
（→26頁，含羞草沙拉）。加入歐羅拉醬用湯匙拌
勻。

2 吐司抹上1後夾起來。切除四周的吐司邊，再對半
切成三角形即可。

水煮蛋的應用變化

綠花椰沙拉

　　冷熱都好吃！味道常流於一成不變的綠花椰，淋上大量醬料就不容易吃膩。換成蒔蘿等改變香草種類，就能呈現截然不同的醬料風味。

熱量
155
kcal

蛋白質
5.6
g

醣類
1.6
g

1人份

綠花椰　5株

鹽　1小撮

水煮蛋（切碎）　1個

綠香草醬＊　2大匙

　美乃滋　3大匙

　羅勒　8片

　洋香菜　1株

　檸檬汁　1大匙

＊所有材料放入攪拌機拌勻。

1　綠花椰切成小朵後放入加了1小撮鹽的熱水中汆燙，用濾網撈起瀝乾水分，再分切成適口大小。

2　調理盆中放入水煮蛋和綠香草醬混合，再放入1的綠花椰拌勻即可。

水煮蛋的應用變化

BBQ烤蛋

　　淋上紅色醬汁烤出金黃色澤，
增添雞蛋香氣。

熱量 **183** kcal　蛋白質 **13.0** g　醣類 **4.7** g

※營養計算為1個的數字。

1人份

水煮蛋　2個

BBQ醬*　2大匙

　芥末醬　1大匙

　番茄醬　1大匙

　洋蔥粉、大蒜粉、紅椒粉　各1/2小匙

*所有材料混合均勻。

1　水煮蛋對半切開。

2　將BBQ醬抹在切面上，放入開了上火的小
　　烤箱烤6分鐘，烤出香氣及上色即可。

調味蛋

　　放入以醬油為基底的不同醬料，浸泡入味的調味蛋。吃過1次就會上癮。是大家都喜歡的味道。可以放在拉麵上、連醬汁一起壓碎做成咖哩配菜也OK！或是和醬汁淋在煮好的飯上拌勻也很棒。用麵包夾起來的話就是雞蛋口味的越南三明治。

〔醬油口味〕

水煮蛋　5個

醬油　50cc

味醂　50cc

蜂蜜　1大匙

 熱量 437 kcal　 蛋白質 31.9 g　 醣類 14.5 g

上：醬油口味
左：咖哩口味
右：異國風味

〔咖哩口味〕

水煮蛋　5個

醬油　50cc

味醂　50cc

蜂蜜　1大匙

咖哩粉　1小匙

 熱量 441 kcal　 蛋白質 32.1 g　 醣類 14.7 g

1 將夾鏈袋直立放在調理盆上，倒入調味料。

2 袋內放入去殼的水煮蛋。

〔異國風味〕

水煮蛋　5個

魚露　50cc

味醂　50cc

蒜泥　1片份

蠔油　1大匙

蜂蜜　1大匙

辣椒粉　少許

 熱量 440 kcal　 蛋白質 32.6 g　 醣類 14.5 g

3 充分擠出空氣後密封起來。

4 所有雞蛋浸泡於調味料中，放入冰箱冷藏1天入味。

※分別是5個營養計算的數字。

含羞草沙拉

　　光是蔬菜吃不了太多，不過，加了水煮蛋就會變化出豐富滋味。用菜刀切水煮蛋的話，容易沾黏在刀面上難以切碎，若是利用薄塑膠袋就能輕鬆迅速地捏碎。

熱量 **225** kcal　蛋白質 **8.4** g　醣類 **3.6** g

2人份

蘆筍　5根

荷蘭豆　10根

薄荷葉（切絲）　5片

沙拉醬

　芥末醬　1大匙

　白酒醋　2大匙

　橄欖油　4大匙

　鹽、胡椒　各適量

水煮蛋　2個

將塑膠袋套在手上，握住水煮蛋就能輕鬆捏碎！

1　蘆筍和荷蘭豆分別放入鹽水中汆燙軟化，撈起過冷水放涼後瀝乾水分。

2　製作沙拉醬。調理盆中放入芥末醬、白酒醋、鹽、胡椒，用打蛋器攪拌均勻。一邊分次少量地倒入橄欖油一邊攪拌。

3　在 2 的調理盆中放入切成適口大小的蘆筍和荷蘭豆，加入切細的薄荷葉混合，淋上沙拉醬拌勻後盛入器皿中。

4　頂端放上大量碎蛋即可。

「胺基酸分數」、「蛋白質分數」、「蛋白質消化率校正胺基酸分數（PDCAAS）」有何不同？

　　每一種都是標出蛋白質質量的數字。蛋白質由20種胺基酸構成。當中有9種無法在體內合成，必須從飲食攝取，稱作必需胺基酸。這些必需胺基酸的組成決定了蛋白質的質量。

　　該分數依評比基準而異。舉例來說，以雞蛋或母乳為標準而評定的數字是「化學分數」。相較於此，蛋白質分數和胺基酸分數則以「人體所需的胺基酸」為評分標準。因為「人體所需的胺基酸」是既定物質，種類多樣，名稱也依該標準而異。在日本，以胺基酸分數最常見。本書中標示的胺基酸分數使用2007年修訂的基準值。

（山下圭子）

蛋白質分數： 1955年，依聯合國糧農組織（FAO）制定的標準來評定的數值。

胺基酸分數： 1973年，世界衛生組織（WHO）和聯合國糧農組織（FAO）修訂該標準，依此評定的數值。該標準在1985及2007年，由WHO、FAO和聯合國大學（UNU）共同修訂。

	蛋白質分數	胺基酸分數（1973年）	胺基酸分數（2007年）
雞蛋	100	100	100
牛奶	85	100	100
加工起司	74	91	100
雞胸肉	84	100	100
竹筴魚	78	100	100
板豆腐	67	82	100

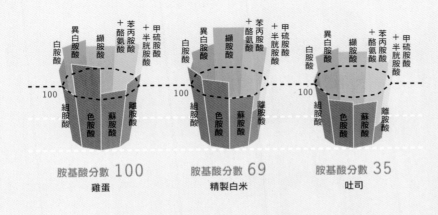

胺基酸分數 100
雞蛋

胺基酸分數 69
精製白米

胺基酸分數 35
吐司

●胺基酸的木桶理論

往木桶內倒水直到水從最短的木片溢出為止即是該木桶的裝水量。藉此比喻胺基酸分數（蛋白質的質量）。

蛋白質消化率校正胺基酸分數（PDCAAS）：
計算胺基酸分數消化吸收率的數值。1991年FAO／WHO共同頒布推薦。

水波蛋

雖然水波蛋好像難度較高，但抓住訣竅的話，就能比水煮蛋更快做出滑順的半熟蛋。因為雞蛋背面的形狀比較滑溜漂亮，擺盤時就把這面朝上吧。

雖然蛋白會凝固，但裡面是水嫩滑順的蛋黃。

熱量	蛋白質	醣類
76 kcal	6.2 g	0.2 g

※營養計算為1個的數字。

1 鍋中倒入500cc的水煮滾。沸騰後，倒入約1大匙的醋。
▷ 加醋的話，可瞬間凝固蛋白的蛋白質，就算把蛋倒進滾水中也不會散開。

2 調理盆中打入1顆蛋。

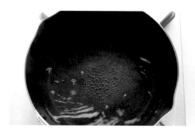
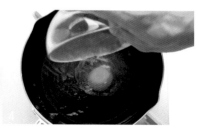

3 用湯匙在鍋內畫圈，製造漩渦。
▷ 漩渦可讓雞蛋外表凝固成圓形。

4 把雞蛋倒入漩渦中間。
▷ 利用漩渦水流凝固蛋白不散開。

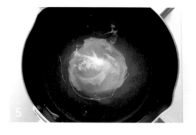

5 如照片般凝固成型。蛋白定型後，稍微開大火力。
▷ 放入雞蛋時，熱水溫度會下降所以要加大火力。

6 再次如照片般沸騰後請轉小火。從放入雞蛋起加熱2分鐘。

7 用漏勺撈起雞蛋瀝掉熱水，放入裝了冰水的調理盆中。
▷ 雞蛋快速降溫才不會因餘熱而過熟。

8 背面比較滑溜漂亮。切除周圍溢出的蛋白塑型即可。

尼斯風沙拉

　　份量十足且營養均衡的沙拉。用水波蛋代替醬料。滑順的蛋黃和整體拌勻後再食用更美味。

熱量
294
kcal

蛋白質
13.2
g

醣類
14.4
g

2人份

馬鈴薯　1個

青椒（切成2mm厚的圓片）　2個份

鮪魚（罐頭）　60g

紅葉萵苣（撕成適口大小）　4片份

小番茄（切半）　5個份

水波蛋（→28頁）　2個

沙拉醬（→26頁・含羞草沙拉）

檸檬　半個

1　馬鈴薯連皮用沾濕的餐巾紙包起來，上面再蓋上保鮮膜。放進微波爐（500w）加熱12分鐘。去皮切成1cm圓片。

2　將紅葉萵苣、馬鈴薯、青椒、鮪魚和小番茄放入器皿中，擺上水波蛋，繞圈淋入沙拉醬。

3　食用前再擠些檸檬汁的話便充滿清爽的檸檬香氣。

隔水加熱輕鬆做
西式炒蛋

　　法國料理中常見的西式炒蛋。以下介紹絕不失敗的「滑順炒蛋」作法。不直接在火源上炒而是以隔水加熱的方式，讓雞蛋慢慢凝固。

　　最後再加入海膽或鮭魚卵等完成豪華西式炒蛋。

熱量	蛋白質	醣類
301 kcal	**18.3** g	**21.8** g

1人份

炒蛋

　　雞蛋　2個

　　牛奶　50cc

　　鹽、胡椒　各少許

吐司　1片

綠色沙拉

小番茄（切半）　1個份

番茄醬

1　調理盆中打入2個雞蛋。

2　加入牛奶、鹽、胡椒。

3　用小型打蛋器充分攪拌。
▷ 用打蛋器攪斷雞蛋的稠狀連結。

4　平底鍋倒水煮滾，放入裝了食材的調理盆，一邊隔水加熱一邊用橡皮刮刀攪拌。
▷ 因為盆邊會發燙，請用隔熱套或抹布包住。拿橡皮刮刀由底部往上撈的方式充分混拌整體，讓雞蛋均勻凝固。

5　約混拌5分鐘變得濃稠後移開調理盆，利用餘熱使蛋慢慢變熟。

6　如照片般滑順後即大功告成。撒上胡椒、旁邊放上吐司、番茄醬、綠色沙拉及小番茄即可。

培根蛋義大利麵

蛋液濃稠度是決定味道的關鍵。這道是西式炒蛋的應用菜色。隔水加熱讓雞蛋慢慢凝固,做出沒有結塊的滑順醬料。就算炒得較熟也沒關係。

熱量	蛋白質	醣類
665 kcal	31.5 g	54.1 g

1人份

義大利麵＊　60g

培根炒洋蔥＊＊

　培根（切細）　2片

　洋蔥（切絲）　1/2個份

　白酒　50cc

蛋奶醬

　雞蛋　2個

　牛奶　50cc

　帕馬森起司　2大匙

　鹽、粗粒黑胡椒　各適量

＊義大利麵的烹煮時間請依包裝指示減少30秒。

＊＊平底鍋放入培根和洋蔥以中火翻炒。炒到洋蔥變透明,培根出油時再倒入白酒,煮至水分收乾。

1 製作蛋奶醬。先把雞蛋打入調理盆中,用打蛋器攪斷稠狀連結。

2 加入牛奶、帕馬森起司、粗粒黑胡椒攪拌均勻。

3 調理盆內放入煮好的義大利麵、培根炒洋蔥和2,用橡皮刮刀充分混拌。

▷ 溫熱狀態下的義大利麵及炒料直接和醬料混合也OK。

4 平底鍋倒水煮滾,放入3的調理盆隔水加熱並用橡皮刮刀混拌。

▷ 避免底部沾黏,用橡皮刮刀由底部往上撈的方式混拌。

5 溫度上升後就會變得濃稠。整體沾滿醬料後,加鹽調味即可盛盤。頂端撒些粗粒黑胡椒便完成。

▷ 視醬料的濃稠度,拿開調理盆或繼續隔水加熱。

炒蛋三色丼飯

　　西式炒蛋加熱到半熟即可，若炒至全熟才移開熱水，就會成鬆散狀。雖是失敗的西式炒蛋，當炒蛋吃卻很美味。

　　如果一開始就想做炒蛋，直接將調理盆放在火源上，或是用鍋子、平底鍋加熱就能縮短時間。

熱量	蛋白質	醣類
216 kcal	18.9 g	10.2 g

※營養計算為不含米飯的數字。
請參閱第5頁自行加上。

西式炒蛋繼續加熱，會收乾雞蛋水分呈固體狀，即為炒蛋。

2人份（照片為1人份）

炒蛋

　雞蛋　3個

　鹽、砂糖　各少許

雞鬆

　雞胸絞肉　80g

　醬油　1大匙

　味醂　1大匙

荷蘭豆　6根

米飯

1　製作炒蛋。雞蛋打散，加鹽和少許砂糖調味，依西式炒蛋的製作要領隔水加熱（→30頁）。炒至雞蛋水分收乾開始呈固體狀即完成。

2　製作雞鬆。鍋中放入雞絞肉，加入醬油和味醂，開小火用木鏟翻炒。

3　荷蘭豆放入鹽水汆燙後撈起，分切成適口大小。

▷　任何綠色蔬菜都可以。

4　碗中盛飯，擺上炒蛋、雞鬆、荷蘭豆即可。

溫泉蛋

溫泉蛋是利用蛋黃的凝固溫度（約65～70℃）比蛋白（約75～78℃）低的特質做成。雖說要將溫度保持在蛋白的凝固溫度以下，蛋黃的凝固溫度以上，卻不需要溫度計。滾水中加入冷水降溫，放入雞蛋後加蓋靜置12分鐘即可！放置時間延長的話雞蛋就會變硬。多做幾次就能抓住訣竅。

熱量	蛋白質	醣類
76 kcal	6.2 g	0.2 g

※營養計算為1個的數字。

1 倒入1公升水煮到冒泡沸騰。水滾後熄火，加入200cc冷水。
▷ 此為最恰當的溫度。

2 輕輕地放入雞蛋。
▷ 小心不要讓蛋殼裂開！

3 蓋上鍋蓋靜置12分鐘即可。打入器皿內，淋入少許醬油即可品嘗樸實美味。

餡料豐富的
西班牙烘蛋

　　雞蛋加入各種配料，口感和味道上就會產生想像不到的變化，令人相當期待。和扇貝、魩仔魚或海苔粉也很對味。

熱量 **216** kcal　蛋白質 **8.8** g　醣類 **3.4** g

16cm的平底鍋1片份（照片為1人份）

烘蛋

　雞蛋　6個

　西式香腸（切成5mm厚的圓片）　3條

　小番茄（切半）　4個份

　酪梨（切1cm丁狀）　1個份

　紅椒（切1cm丁狀）　1個份

　鹽、胡椒　各適量

　奶油　30g

綠色沙拉、小番茄

番茄醬

1　雞蛋打入調理盆中，用打蛋器充分打散，攪斷稠狀連結。加入全部的烘蛋配料，撒鹽、胡椒。

2　平底鍋中放入奶油開小火加熱，當奶油稍微冒泡後，一口氣倒入1。

3　用橡皮刮刀混拌5、6次，蓋上鍋蓋轉小火煎5～6分鐘。

4　整體煎熟後翻面放到鍋蓋上，再讓蛋滑回平底鍋中，背面也轉小火煎約3分鐘。

5　分切成6等份，旁邊擠點番茄醬，放上綠色沙拉和小番茄即可。

哪些食材組合
能提高胺基酸分數？

先來看穀物、蔬菜和水果等植物性食品的胺基酸分數吧。

雖然數值低於肉類、魚類或雞蛋等動物性食物，但經由搭配食用，就能截長補短，提高胺基酸分數。舉例來說，胺基酸分數69的米飯，限制胺基酸是離胺酸。和離胺酸豐富的動物性蛋白質一起吃的話，米飯的胺基酸分數就會達到100。來看下列範例吧。

（山下圭子）

	胺基酸分數
米飯	69
吐司	35
義大利麵	38
馬鈴薯	78
高麗菜	63
蘋果	75

●牛丼飯

胺基酸分數 69

米飯100g

＋

胺基酸分數 100

牛肉片100g

＝

米飯的胺基酸分數達到 100

●尼斯風沙拉

胺基酸分數 78

馬鈴薯1個

＋

胺基酸分數 100

雞蛋2個

＝

馬鈴薯的胺基酸分數達到 100

●肉醬義大利麵

胺基酸分數 38

義大利麵60g

＋

胺基酸分數 100

牛絞肉40g

＋

胺基酸分數 100

帕馬森起司粉1大匙

＝

義大利麵的
胺基酸分數達到 100

間隔幾個小時後再食用就沒效果了，還是放在一起吃吧。搭配不同食材享用，就會有營養加乘的效果，這正是食物有別於營養品的魅力。

CHEESE | 起司

卡門貝爾起司

香煎生火腿
卡門貝爾起司捲

　用香煎的方式烹調每家超市都買得到的卡門貝爾起司。加熱後的起司雖然中間有點硬，但周圍香濃滑順。煎至生火腿焦香上色即可。遇見卡門貝爾起司新風味！

熱量	蛋白質	醣類
308 kcal	**12.8** g	**0.7** g

2人份

香煎卡門貝爾起司

　卡門貝爾起司

　　（100g‧直徑8cm）　1個

　生火腿　5片

　羅勒　8片

　橄欖油　2大匙

綠色沙拉

1　生火腿中間重疊呈放射狀排列。

2　將羅勒放在中間，再擺上卡門貝爾起司。

3　用生火腿將卡門貝爾起司包起來。

4　平底鍋中倒入橄欖油，放入3，拿著鍋鏟邊壓邊用中小火煎香。

5　平均煎上色後翻面。煎到起司周圍軟化上色即OK。盛盤並附上沙拉。

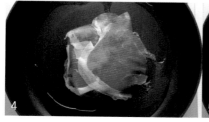

卡門貝爾起司

卡門貝爾
起司番茄湯

　我在家通常吃料多的湯品搭配麵
包、沙拉等簡單餐點。讓訓練後的
疲憊身軀沉浸在柔和美味中。

　加熱後的起司再多都吃得下。

熱量 **500** kcal　蛋白質 **21.9** g　醣類 **16.1** g

1人份

洋蔥（切末）　1/2個份

蒜頭（切末）　1片份

橄欖油　1大匙

番茄汁　200cc

鹽、胡椒　各適量

卡門貝爾起司

　（100g．直徑8cm．切成8等份的扇形片）　4片

羅勒（切絲）　3片份

1　鍋中放入蒜頭和橄欖油開小火炒香。

2　飄出蒜頭香氣後放入洋蔥以小火翻炒至透明。

3　倒入番茄汁轉大火加熱。煮到醬汁沸騰後，依喜好加
　　鹽、胡椒調味。

4　湯碗中放好切成一口大小的卡門貝爾起司，倒入熱騰
　　騰的 3。放上羅勒葉絲裝飾即可。

藍紋起司

蘋果藍紋起司
核桃沙拉

　法國菜中常見的沙拉。酸酸
甜甜的蘋果和鹹味十足的藍紋
起司，配上味苦水潤的菊苣，
相當對味。

熱量	蛋白質	醣類
509 kcal	12.5 g	11.4 g

2人份

蘋果（切成3mm厚的扇形片） 1/4個份

藍紋起司（撕小塊） 80g

菊苣（切段） 1片份

蘿蔓生菜（切段） 1片份

核桃（切粗塊） 60g

沙拉醬

　橄欖油 4大匙

　檸檬汁 2大匙

　芥末醬 2大匙

　蜂蜜 1大匙

　鹽、胡椒 各適量

1　沙拉盆中放入沙拉醬的全部材料，
　用打蛋器攪拌均勻。

2　1充分混合後，放入蘋果、藍紋起
　司、菊苣、蘿蔓生菜及核桃整體拌
　勻即可。

藍紋起司

藍紋起司奶油燉雞

　　只要在尋常的奶油燉雞中加入藍紋起司，就能
增添濃郁度，品嘗到截然不同的風味。

熱量
841
kcal

蛋白質
48.4
g

醣類
17.8
g

2人份（照片為1人份）

雞腿肉（切成一口大小） 300g×1.5片份

藍紋起司 80g

葡萄乾 2大匙

白酒 100cc

洋蔥（切絲） 1/2個份

蒜頭（切末） 1小匙

奶油 30g

牛奶 4大匙

太白粉或玉米粉 適量

鹽、胡椒 各少許

綠花椰

1　雞腿肉切成一口大小，上面撒點鹽。平底鍋放入奶油融化，雞腿肉皮朝下放入鍋中轉小火煎熟。

2　煎到稍微上色後翻面。雙面煎上色後，從平底鍋中盛出備用。這時中間夾生也沒關係。

3　將洋蔥和蒜頭放入 2 的平底鍋中開小火慢慢翻炒。

4　軟化後倒入白酒，以中火充分燉煮。

5　雞腿肉倒回 4 中，加入葡萄乾、牛奶和等量的水以中火燉煮約15分鐘。

6　確認雞腿肉煮熟後，放入藍紋起司融化，淋入太白粉水勾芡。因為起司味鹹，只加胡椒調味，和燙好的綠花椰一起盛入器皿中即可。

起司絲

肉片起司
熱壓三明治

　利用多到驚人的橄欖油煎出美味色澤。就算沒有熱壓三明治機也能可口上桌！盡量以優質食物補充鍛鍊時消耗的熱量。這時最適合吃三明治。

 熱量 **749** kcal　 蛋白質 **24.6** g　 醣類 **47.7** g

1人份

洋蔥（切絲）　60g

豬肉片　60g

蒜頭（切末）　1/2小匙

小番茄（切半）　3個份

辣椒粉　少許

鹽、胡椒　各少許

起司絲　2大匙

吐司（8片切）　2片

橄欖油　1大匙＋3大匙

使用大量橄欖油，從上面確實壓平煎出均勻色澤。

1 平底鍋中倒入1大匙橄欖油和蒜末開小火炒出香氣。

2 飄出香味後放入洋蔥翻炒。

3 接著放入豬肉片。

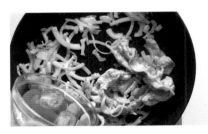

4 炒至豬肉變色後，放入小番茄續炒。番茄變色後，依喜好加入鹽、胡椒、辣椒粉調味。

5 將炒好的 4 放在吐司上。

6 撒上起司絲，再放上另一片吐司。

7 從上方充分壓平。

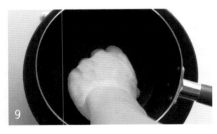

8 鍋中倒入較多橄欖油開小火加熱，放入 7 的麵包。

9 用底部平坦的鍋子或盤子加壓使其均勻上色。

10 煎出美麗色澤後翻面，再加橄欖油，反面也煎上色。

11 對半切成方便食用的大小後盛盤即可。

起司絲

雞胸肉披薩吐司

放上敲成薄片狀容易煎熟的雞胸肉，做成披薩風味。敲斷雞肉纖維口感比較不柴，卻容易造成背面的肉汁流失。這道食譜利用麵包吸附美味肉汁。小烤箱的話開上火加熱10分鐘即可。

熱量 **320** kcal

蛋白質 **40.8** g

醣類 **21.6** g

2人份（照片為1人份）

雞胸肉 300g×1片

小番茄（切半） 6個份

起司絲 2大匙

蘿勒 6片

鹽、胡椒 各適量

吐司（8片切） 2片

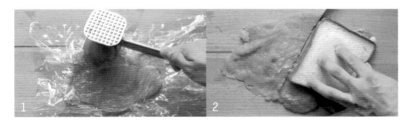

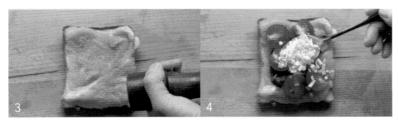

1 雞胸肉去皮，雙面蓋上保鮮膜，用肉槌（也可用擀麵棍或空瓶）輕輕敲打。

2 取下保鮮膜，雞胸肉切成吐司般的大小。

3 將雞胸肉放在吐司上，撒鹽、胡椒。

4 放上蘿勒、小番茄和起司絲，放入180℃的烤箱中慢烤約15分鐘即可。

起司絲

自製起司鍋

任何配料都OK，備好可直接吃的食物，再沾滿熱騰騰的起司。雖說適合搭配馬鈴薯或麵包，但嚴禁過量攝取。稍微忍耐一下，多吃些肉類或碳水化合物少的蔬菜吧。

熱量	蛋白質	醣類
567 kcal	34.3 g	4.0 g

＊營養計算為配料以外的數字。

2人份・使用直徑14cm的鍋子

起司絲　300g

白酒　150cc

蒜頭　1片

胡椒　少許

日本燒酒或威士忌等蒸餾酒　依個人喜好

配料（分別切成適口大小）

　莎樂美腸、西式香腸、培根

　馬鈴薯（水煮）、小番茄、

　綠花椰（水煮）、麵包

1 避免燒焦盡量準備鍋身厚的平底鍋或琺瑯鍋，用蒜片切面摩擦鍋壁產生香氣。

2 鍋中倒入白酒煮滾。沸騰後少量多次地一邊放入起司絲一邊攪拌，使其均勻融化。

3 撒入胡椒調味。鹹味清淡才不容易膩口。可另行加入蒸餾酒變化風味。

4 用鐵叉（竹籤也可以）插取配料沾滿3後食用。

帕馬森起司

魩仔魚蘿蔔葉燉飯

　　鈣質是養成健美肌肉不可欠缺的營養素。蘿蔔葉比白色根部含有更多礦物質。請善加利用不要丟棄。鹽漬蘿蔔葉和魩仔魚拌勻備用，就能做成飯糰或義大利麵等餐點。

熱量	蛋白質	醣類
404 kcal	20.0 g	23.5 g

2人份（照片為1人份）

魩仔魚　50g

西式香腸（切成1cm圓片）　3條份

蘿蔔葉（切末）*　100g

鹽昆布　1大匙

冷飯　100g

水　100cc

橄欖油　1大匙

鮮奶油 **　50cc

帕馬森起司　2大匙

鹽、胡椒　各適量

＊蘿蔔葉切末後加鹽抓勻，充分擰乾水分備用。

＊＊鮮奶油可用80cc的牛奶代替。

1 平底鍋中放入魩仔魚、西式香腸、蘿蔔葉、鹽昆布和水後開大火加熱。

2 煮滾後加入冷飯壓散，轉中火稍微收乾水分。

3 倒入鮮奶油，煮到整體變濃稠。

4 熄火加入帕馬森起司和橄欖油。輕輕拌勻後盛盤，撒上胡椒即可。

帕馬森起司

凱薩沙拉

水分多的葉菜類，搭配濃郁醬料一起食用，滋味平衡得宜。沒有蘿蔓生菜時改成白菜也很好吃喔！

 熱量 238 kcal
 蛋白質 6.0 g
 醣類 4.2 g

2人份

蘿蔓生菜（切段） 1片份
培根片（切細） 2片份
小番茄（切半） 4個份
青椒（切圓片） 1個份

沙拉醬

美乃滋 3大匙
水 1大匙
帕馬森起司 2大匙
蒜頭（切末） 1/2小匙
黑胡椒 適量

1 蘿蔓生菜切成段狀泡冷水，瀝乾水分備用。

2 平底鍋不放油，放入培根翻炒至酥脆，瀝油備用。

3 調製沙拉醬。沙拉盆中放入美乃滋加水稀釋，加入所有剩餘的材料混合均勻。

4 將1和2的生菜及培根、小番茄和青椒放入3的沙拉盆中稍微拌勻。

5 盛入器皿中，依喜好撒上黑胡椒（份量外）即可。

優格

水果風味拉西

拉西是印度的優格飲品。優格加牛奶稀釋後,放入喜歡的水果或蜂蜜調整甜度。我加乳清蛋白粉增添甜味,可謂一石二鳥,既補充到大量蛋白質又能喝到美味的拉西。

 熱量 **169** kcal

 蛋白質 **6.9** g

 醣類 **21.5** g

1人份

芒果* 80g

無糖原味優格 100g

牛奶 80cc

蜂蜜 依個人喜好

＊也可選用草莓、香蕉、奇異果、藍莓、蘋果、柳橙、桃子、洋梨、哈密瓜等其他水果。

1 芒果切成適當大小,和其他材料一起放進果汁機攪打。

2 就算果肉沒打碎保有顆粒感也很好喝。請倒入玻璃杯享用。

杏仁奶

蔬果昔

不想喝牛奶時，就改用米漿或杏仁奶。加入大量堅果就很有飽足感。搭配穀麥一起吃的話，更能攝取到均衡的營養。

熱量	蛋白質	醣類
427 kcal	9.8 g	12.3 g

※營養計算為不包括穀麥的數字。

1人份

蔬果昔

　杏仁奶　200cc

　小松菜　80g

　核桃　50g

　藍莓　80g

穀麥　適量

1 將所有蔬果昔材料放入果汁機中攪打。

2 建議搭配穀麥食用。

熱量
734 kcal

蛋白質
47.3 g

醣類
11.2 g

沙朗牛排

　　試著煎出完美的厚片牛肉吧！以下介紹就算是冰箱拿出來的冷藏肉，也能漂亮上菜的不失敗煎肉法。因為肉身厚實，常誤認為最好用大火快煎，但一開始慢慢溫熱肉片即可。以下分3次細火慢煎，若是肉片較薄也可以只煎2次。最後再煎上色。煎厚片豬肉時也是一樣。

　　搭配牛排的洋蔥醬，和米飯相當對味，想攝取碳水化合物的人，可以搭配米飯或水煮馬鈴薯一起食用。搭配高麗菜絲也不賴。

1人份

沙朗牛排（厚2.5cm）　250g×1片

鹽、胡椒　各適量

食用油　2大匙

奶油　30g

洋蔥醬　2大匙

　洋蔥（切末）　50g

　蒜頭（切末）　1小匙

　醬油　2大匙

　味醂　2大匙

　咖哩粉　少許

　奶油　30g

1 剛從冰箱拿出來的沙朗牛排，雙面撒上鹽。
▷ 避免鮮美的肉汁因食鹽滲透壓而流失，下鍋煎之前再撒鹽。

2 用手把鹽抹勻。
▷ 直接煎的話，鹽粒容易被油帶走。

3 平底鍋放入食用油和奶油開中火加熱。
▷ 加入奶油，就能透過奶油泡沫的顏色輕鬆判斷溫度。

4 奶油如照片般融化冒泡就是放進肉片的時機。

5 一放入肉片油溫就會下降，所以請調大火力。當油再次溫熱奶油泡沫變小後請轉小火。

6 火力保持在慕絲般的細緻泡沫不會消失的狀態。

7　煎1分半鐘後翻面。沒煎上色也OK。
▷ 與其說是煎熟牛排，不如說是讓熱度達到肉的內部。

8　泡泡變大後請加大火力。
▷ 泡泡狀態是目測平底鍋溫度的參考值，變大表示平底鍋溫
　　度下降，變細表示溫度升高。

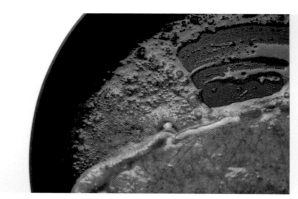

9　泡泡變細即是平底鍋溫度升高。稍微把火力調小吧。

10　先盛出牛肉，靜置1分半鐘利用餘熱熟成內部。

11　火力調整至和取出牛肉前的9相同，續煎第2次。

12　平底鍋溫度升高後，轉動平底鍋降低油溫。煎1分半鐘後
　　翻面。
▷ 保持相同溫度！

13 煎的時候邊用湯匙把油淋在肉上。煎1分半鐘後盛出利用
　 餘熱加溫1分半鐘。
▷ 淋上熱油可升高牛肉表面的溫度。還能為牛肉增添油脂香
　 氣。

14 入鍋煎第3次。煎1分半鐘後翻面再煎1分半鐘。就會呈
　 現如照片般的美味焦色。
▷ 記住手指壓下去的彈性吧。壓下去會反彈表示OK。

15 最後撒上胡椒靜置3～4分鐘。因為平底鍋要接著煮醬
　 料，只需把油倒掉，不用洗鍋子。
▷ 煎肉前就撒胡椒的話會掉進煎油內，容易燒焦，所以最後
　 再撒。

洋蔥醬

1 煎完肉的平底鍋不要洗，放入洋蔥和蒜頭用中
　 火翻炒，注意不要燒焦。
▷ 燒焦的話會產生苦味。

2 炒軟後，倒入醬油、味醂。一邊轉動平底鍋一
　 邊加熱。煮到冒泡沸騰後立刻熄火。

3 加咖哩粉提鮮，增添風味。

4 放入奶油轉小火加熱融解。注意在煮沸前就要
　 融化。熄火，倒入備用的肉汁混拌均勻。
▷ 融化的奶油可增添醬料濃度與風味。

BBQ牛排三明治

牛排不小心煎太熟的話，就做成三明治吧。
冷冷地吃更美味喔。

熱量
885
kcal

蛋白質
55.6
g

醣類
49.6
g

1人份

沙朗牛排（2.5cm厚） 250g×1片

生菜（皺葉萵苣） 2片

番茄（切圓形薄片） 2片

BBQ醬（→24頁） 1大匙

吐司（8片切） 2片

醃菜（珍珠洋蔥、小黃瓜）

1 煎沙朗牛排（→48頁）。稍微放涼鎖住肉汁後，斜切成薄片狀。

2 烤吐司。

3 把1的牛排放在烤好的吐司上，塗抹BBQ醬。疊放上番茄、生菜，再用另1片吐司輕壓夾住配料。

4 用菜刀分切成適口大小後擺盤。附上醃菜即可。

牛排丼飯

　不想攝取碳水化合物的人請用綠花椰等代替米飯。忍著不吃丼飯內的米飯，相當辛苦，但要擁有強健美麗的肌肉，還是得控制碳水化合物的攝取量。

熱量	蛋白質	醣類
746 kcal	**47.8** g	**11.3** g

※營養計算為不含米飯的數字。
請參閱第5頁自行加上。

1人份
沙朗牛排（2.5cm厚）　250g×1片
洋蔥醬（→48頁）　2大匙
米飯
蘿蔔嬰、青紫蘇（切絲）、**白芝麻**

1　煎沙朗牛排（→48頁），準備洋蔥醬（→51頁）。

2　將飯盛入碗中，放上分切好的牛排。淋入洋蔥醬，放上蘿蔔嬰、青紫蘇，撒上白芝麻即可。

牛肉片

牛肉燴飯

　　牛肉片一旦煮過頭，口感立刻就變硬了。這道菜的
重點在於速度。一口氣迅速完成吧！低醣飲食者請用
綠花椰或花椰菜代替米飯。

熱量 **422** kcal　蛋白質 **24.3** g　醣類 **27.3** g

※營養計算為不含米飯的數字。
請參閱第5頁自行加上。

2人份（照片為1人份）

牛肉片　200g
洋蔥（切絲）　1個份
香菇（切絲）　3個份
番茄（切丁）　1個份
番茄汁　200g
伍斯特醬　80g

醬油　2大匙
紅椒粉　1小匙
高筋麵粉　1/2小匙
鹽、胡椒　各適量
食用油　2大匙
米飯

1 牛肉片放入調理盆中抓散，加入鹽、胡椒，撒上紅椒粉。

2 倒入高筋麵粉抓勻。靜置2分鐘備用。

3 平底鍋倒入1大匙食用油加熱，放入肉片開大火炒至肉片略為變色。

▷ 炒肉時請不要頻頻翻動肉片。目的是可以確實煎上色。

4 用木鏟迅速拌炒後，再靜置片刻煎熟。煎到8分熟後，盛入調理盆中備用。

5 平底鍋倒入1大匙食用油加熱，放入香菇和洋蔥開中火翻炒。

6 稍微軟化後加入番茄汁、伍斯特醬和醬油轉大火煮滾。沸騰冒泡後倒入番茄。

7 醬汁一煮滾立刻把牛肉倒回鍋中。

8 煮到水分變少呈濃稠狀後試味道，不夠鹹的話再加鹽和胡椒。大量地淋在飯上品嘗吧。

▷ 利用裹在牛肉上的高筋麵粉煮出濃稠醬汁。

牛肉片

韓式烤肉飯

再加上蒜苗、紅蘿蔔絲及白蘿蔔等炒蔬菜的話，更能攝取到均衡營養。注意蔬菜不要炒太久。

熱量	蛋白質	醣類
443 kcal	26.0 g	15.4 g

※營養計算為不含米飯的數字。
請參閱第5頁自行加上。

2人份（照片為1人份）

牛肉片 180g

韭菜（切段） 1/2把

香菇（切絲） 4朵

大蔥（斜切成薄片） 1/2根

豆芽菜 1袋

芝麻油（炒油） 1大匙

醬汁

　醬油 2大匙

　味醂 2大匙

　韓式辣椒醬 1大匙

　蜂蜜 1大匙

　薑泥 2小匙

　蒜泥 1小匙

　芝麻油 2大匙

米飯

蛋黃 2個份

1 調理盆中倒入所有醬汁材料混合均勻。放入牛肉片抓勻即可，不用醃漬。

2 平底鍋淋入芝麻油（炒油）加熱，牛肉連同醬汁一起入鍋，開大火翻炒。

3 稍微變色後放入所有蔬菜，炒到保有稍許口感的硬度即可。韓式烤肉完成。

4 碗中裝飯，盛入韓式烤肉、中間擺上蛋黃、依喜好附上辣椒或韓式辣椒醬。

牛肉片

牛丼飯

想控制熱量時請加入板豆腐增加份
量。就算飯量減少,也有飽足感。

熱量	蛋白質	醣類
271 kcal	23.3 g	21.7 g

※營養計算為不含米飯的數字。
請參閱第5頁自行加上。

2人份（照片是1人份）

牛肉片　200g

蒟蒻絲　60g

洋蔥（切成寬2mm的粗絲）　1個份

香菇（切絲）　4朵份

鹽昆布　1大匙

醬油　50cc

味醂　50cc

薑泥　2小匙

米飯

1 蒟蒻絲用剪刀剪成適口大小,放入熱水汆燙。

2 鍋中放入味醂、醬油、薑泥、鹽昆布、香菇及蒟蒻絲開大火煮滾。

3 煮滾後放入洋蔥轉小火燉煮。煮到洋蔥變透明後放入牛肉片撥散,轉大
火煮1～2分鐘。

4 盤中裝飯,盛入 3。依喜好放上溫泉蛋的話,即是完美的增肌餐。

牛絞肉

增肌飲食　番茄起司牛肉漢堡

　漢堡最麻煩的是要準備醬料。這時，推薦給您不須淋醬，簡單就能嘗到鮮美肉味的起司煎漢堡。因為放了起司蛋白質含量更豐富！

熱量
533
kcal

蛋白質
43.7
g

蘸類
4.1
g

2人份（照片為1人份）

漢堡料

　牛絞肉（瘦肉）　350g

　雞蛋　1個

　牛奶　1大匙

　生麵包粉*　1大匙

　肉荳蔻粉　少許

　醬油　1大匙

　鹽、胡椒　少許

食用油　2大匙

番茄（切成5mm厚的圓片）　2片

焗烤用起司　2片

綠色沙拉　適量

＊生麵包粉泡牛奶備用。

1 調理盆中放入牛絞肉、雞蛋、泡過牛奶的生麵包粉、肉豆蔻、醬油、鹽和胡椒。

2 充分用手抓揉到產生黏性。摔打肉餡排出裡面的空氣。
▷ 殘餘的空氣會因加熱而膨脹，美味肉汁就會從縫隙間流失。

3 手抹上食用油，將 2 的肉餡分成 2 等份捏圓。雙手輕敲肉餡排出裡面的空氣。

4 整成橢圓形，中間壓出凹洞。
▷ 因為中間會膨脹起來，先稍微壓凹。

5 冷鍋中倒入較多食用油，放入肉餡轉小火加熱。
▷ 先熱鍋的話，中間還沒熟透前表面就燒焦了。

6 煎的時候邊轉動平底鍋內的油，煎上色後翻面。
▷ 搖動油讓油溫平均。

7 雙面煎上色後，盛入烤盤並放上番茄。

8 各放上 1 片焗烤用起司送進 180℃的烤箱中烤 7 分鐘即可。
▷ 用叉子試插看看，中間留出透明肉汁的話表示大功告成。

牛絞肉

肉醬

加了大量牛絞肉的肉醬，不僅是義大利麵，還能做成千層麵，是相當方便的增肌食材。選用色澤鮮紅，脂肪含量少的絞肉吧。燉煮時冒出來的油脂浮渣也要撈除。

放冷藏可保存5天，所以多做一些，努力吃出肌肉吧。

熱量	蛋白質	醣類
1614 kcal	**84.8** g	**77.0** g

※營養計算為總量的數字。

容易製作的份量

牛絞肉（瘦肉）　400g

洋蔥　1/2個

紅蘿蔔　1根

西洋芹　1根

蒜頭（切末）　2小匙

橄欖油　2大匙

番茄汁　400cc

紅酒　500cc

蜂蜜　2大匙

月桂葉　1片

鹽、胡椒　各適量

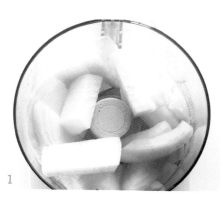

1

2

1 洋蔥切滾刀塊，放入食物調理機中攪打。

2 打成洋蔥末後取出。

▷ 如果是大台的食物調理機，同時把洋蔥、紅蘿蔔、西洋芹放進去攪打也OK。

3 紅蘿蔔和西洋芹同樣用
　食譜處理機打成末狀，
　倒入調理盆中混合。

4 鍋中倒入橄欖油，放入
　蒜頭用小火炒香，注意
　不要燒焦。

5 飄出蒜頭香氣後放入
　3，用中火拌炒。
▷ 炒到蔬菜出水帶出甜
　味。

6 放入牛絞肉轉大火，用
　木鏟邊壓邊炒至鬆散
　狀。

7 絞肉請炒到如照片中的
　斷生狀態。

8 在7中加入番茄汁、紅
　酒、蜂蜜及肉桂葉用大
　火煮沸。

9 沸騰後轉小火燉煮。火
　力維持在如照片中的狀
　態。

10 煮到用木鏟劃過鍋底
　　時，只剩少許水分
　　後，加鹽、胡椒調
　　味。肉醬完成。

肉醬的應用變化

肉醬義大利麵

　　減少麵量多放肉醬。充分增加肌肉量！因為只想吃醬料，用冬粉或豆腐取代義大利麵降低醣類攝取也OK。

 熱量
421 kcal

 蛋白質
18.4 g

 醣類
50.0 g

1人份

肉醬　80g

義大利麵　60g

鹽　適量

帕馬森起司　1大匙

1　義大利麵放入加了鹽的熱水中依包裝指示時間煮熟。

2　平底鍋中倒入分裝的肉醬轉小火加熱，放入煮好的義大利麵，拿料理夾迅速拌勻，立刻熄火。

3　盛入器皿中，撒上大量帕馬森起司即可。

肉醬的應用變化

希臘茄盒

　　因為茄子會吸油，可視情況添加橄欖油。要做出更道地的口味，可在肉醬內多加點孜然粉和香菜粉，頓時充滿特色。

 熱量
422 kcal

 蛋白質
13.0 g

 醣類
11.8 g

2人份

肉醬　200g

茄子（切圓片）　2條份

橄欖油　3大匙

起司絲　2大匙

1　在耐熱焗烤盤的內側抹上橄欖油。

2　將茄子排入盤內，從上淋下肉醬。平均鋪滿起司絲。

3　放入200℃的烤箱內烤15分鐘即可。茄子烤熟的話就OK！

千層麵

熱量	蛋白質	醣類
318 kcal	15.3 g	24.6 g

千層麵看似複雜難做。但是只要會做白醬,後續疊起食材烤熟即可。不想攝取過多碳水化合物的人,也可以用燙好的蘆筍或花椰菜,略炒過的波菜、櫛瓜薄片等代替義大利麵。

3人份

肉醬 180g

義大利麵 60g

奶油 適量

白醬

　牛奶 200cc

　玉米粉 2小匙

　鹽、胡椒 各適量

起司絲 50g

材料只有這些。右起是煮好的義大利麵、肉醬(上)、白醬(下)。

1

2

1 準備白醬。先煮沸牛奶,再倒入玉米粉水。
▷ 不失敗的簡單醬汁。

2 煮到如照片般濃稠後,加鹽、胡椒調味。

3

4

3 焗烤盤內側塗上奶油,放入少量煮好的義大利麵鋪勻。

4 將肉醬均勻地倒在義大利麵上,再放入剩餘的義大利麵及肉醬。

5

6

5 最後鋪滿白醬。

6 撒上厚厚的起司絲。放入180℃的烤箱中烤15分鐘,表面呈現美味烤色即完成。
▷ 使用小烤箱時,等到內部溫度升高再烤。

牛絞肉
墨西哥肉醬

　保存期限短的絞肉，經過加工就能搖身一變成為方便好用的常備菜。和米飯混合捏成飯糰，就是頗受歡迎的賽事補給品。雖是做成老少咸宜的番茄醬口味，想吃辣時，加些辣椒末也不錯。

熱量	蛋白質	醣類
1105 kcal	**81.4** g	**40.6** g

※營養計算為總量的數字。

容易製作的份量

牛絞肉（瘦肉）　400g

洋蔥（切末）　1/2個份

蒜頭（切末）　1小匙

番茄醬　120g

鹽　1/2小匙

黑胡椒　適量

食用油　1大匙

1

1 鍋中倒入食用油，放入蒜頭炒香，小心不要燒焦。

2

3

2 接著放入洋蔥，開大火翻炒避免燒焦。

3 炒到洋蔥收乾水分，充分帶出甜味後，放入牛絞肉炒散。

4

5

4 用木鏟一邊壓散肉塊一邊翻炒至鬆散狀。

5 加鹽、黑胡椒及番茄醬。煮到冒泡即完成。放入密封罐冷藏可保存5天。

墨西哥肉醬三明治捲

不用準備墨西哥薄餅，只要壓扁土司就能完成的簡易墨西哥捲餅。利用莎莎醬提味。因為攜帶方便，只需放入便當盒就是營養均衡的午餐。

熱量
415
kcal

蛋白質
16.7
g

醣類
27.5
g

2人份（照片為1人份）

墨西哥肉醬　70g×2

生菜（皺葉萵苣）　2片

小番茄（切半）　4個份

酪梨（切片）　1個份

莎莎醬　4大匙

　紫色洋蔥（切末）　1/2個份

　西洋芹（切末）　1根份

　檸檬汁　2個份

　鹽、胡椒　各適量

香菜　適量

吐司（8片切）　2片

1　吐司用擀麵棍或酒瓶等壓成扁平狀。

2　調理盆中放入西洋芹、紫色洋蔥、檸檬汁、鹽和胡椒混合均勻，做成莎莎醬。

3　把1壓平的吐司放在保鮮膜上，鋪好生菜、再鋪滿墨西哥肉醬，排入小番茄。

4　放上酪梨、香菜及2大匙莎莎醬。

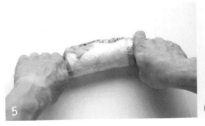

5　從身體這側往前捲緊保鮮膜將餡料包起來。扭緊保鮮膜兩端塞進內側。

6　完成。包著保鮮膜斜切開來食用。

豬里肌肉

薑燒豬排

　薑汁燒肉用的是豬肉片，薑燒豬排則是厚片肉排。重點是要煮出軟嫩的肉排。煮到6分熟後倒入調味料。續煮至水分收乾，熟度也恰到好處。

熱量	蛋白質	醣類
495 kcal	28.9 g	11.8 g

2人份

豬肩里肌（切片） 150g×2片

高筋麵粉　適量

奶油　20g

食用油　20cc

調味料

　醬油　50cc

　味醂　50cc

　生薑（切末）　1大匙

生菜（皺葉萵苣）

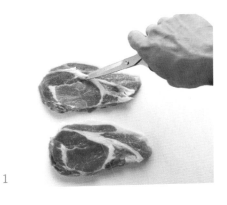

1

1 用剪刀切去豬肩里肌上
的筋膜。

▷ 筋膜沒有去除的話，一
加熱豬肉就會捲起來。

2

3

2 肉排撒上高筋麵粉，拍
除多餘的粉粒。

3 平底鍋中放入奶油和食
用油加熱融合。

4

5

4 奶油冒泡後放入肉排轉
大火加熱。

▷ 先用大火凝固表面的高
筋麵粉。

5 煎上色後翻面。火量維
持在油脂不會冒泡的程
度。

6

7

6 先盛出肉排，倒掉平底
鍋內的油再放回肉排。
調味料混合均勻後倒入
鍋中煮滾。

7 用湯匙將調味料淋在肉
排上。當撒在豬肉上的
高筋麵粉溶入調味料變
得濃稠後完成。

▷ 濃稠的調味料能煮出軟
嫩肉排。

豬里肌肉

米蘭式煎豬排

　　若想做出超水準的豬肉料理，當屬米蘭式煎豬排。連裹
在豬肉上的雞蛋和起司都攝取得到，可謂一石三鳥！

熱量
568
kcal

蛋白質
40.2
g

醣類
9.1
g

2人份（照片為1人份）

米蘭式煎豬排

　豬里肌肉（切片）　150g×2片

　高筋麵粉　1大匙

　帕馬森起司　1大匙

　雞蛋　2個

　鹽、胡椒　各適量

　食用油　1大匙

　奶油　20g

番茄醬　1大匙×2

檸檬　1/2個×2片

水菜

1　切除豬里肌肉上的筋膜並用刀背輕輕敲薄。雙面撒上少許鹽、胡椒。

2　雞蛋打入調理盆中，倒入高筋麵粉、帕馬森起司粉攪拌均勻，做成麵衣備用。

3　平底鍋倒入沙拉油和奶油開火加熱。奶油融化後放入雙面沾滿 2 麵衣的 1 豬肉用小火煎。

4　多次翻面當兩邊煎至金黃色後盛出，放在高溫處靜置3分鐘利用餘熱加溫。

5　鋪上水菜，擺入切成適口大小的煎豬排，附上番茄醬及檸檬即可。

豬肉片

薑汁燒肉

大家最愛的薑汁燒肉。但是
豬肉煮太久口感會變硬、薑汁
也容易燒焦……。看似簡單,
但要煮得好吃是有訣竅的。利
用塑膠袋將所有材料拌勻,一
起下鍋炒的話,不但成功機率
高,每次都能做出相同味道。

熱量	蛋白質	醣類
311 kcal	**22.5** g	**14.1** g

2人份

薑汁燒肉

　豬肉片　200g

　洋蔥(切絲)　100g

　薑泥＊　1大匙

　醬油　50cc

　味醂　50cc

　食用油　1大匙

　高麗菜(切絲)　50g

＊可用軟管包裝的薑泥醬。

1 把所有薑汁燒肉的材料放入夾鏈
　袋內(中尺寸),封緊袋口充分
　搓揉均勻。

1

2 靜置10分鐘。這時可準備高麗菜
　絲。

3 平底鍋中倒入1大匙食用油加熱,
　放入袋內的食材。

▷ 小心油會噴濺,請一口氣倒入所
　有食材。

2

3

4 用叉子等一邊攪拌一邊開大火翻
　炒。

5 當洋蔥稍微熟透,豬肉變色後就
　完成。附上大量高麗菜絲即可。

4

5

豬肉片

泡菜炒豬肉

　　做法簡單到令人意外的驚豔美味。泡菜中的乳酸菌對內臟很好喔！加入洋蔥和豆芽菜增添份量。

熱量
406
kcal

蛋白質
26.7
g

醣類
14.8
g

2人份

豬肉片　200g

韓式泡菜　200g

洋蔥（切絲）　1個份

豆芽菜　1袋

芝麻油　2大匙

醬油　1大匙

1 把豬肉片、韓式泡菜和洋蔥放入夾鏈袋，封緊袋口搓揉均勻。靜置3分鐘入味。

2 平底鍋倒入芝麻油加熱，放入袋中的所有材料開大火翻炒。

3 當豬肉炒熟變白色後，放入豆芽菜稍微拌炒均勻。

4 最後繞圈淋入醬油，立刻盛盤上桌。

豬肉片

回鍋肉

經濟又健康的活力餐點，是我們餐廳常見的員工伙食。加入各種喜歡的蔬菜多攝取些維他命吧。蔬菜炒太久會失去口感，迅速拌炒均勻就好。

熱量 439 kcal
蛋白質 25.2 g
醣類 23.3 g

1 把醃醬的所有材料倒入夾鏈袋內（中尺寸），放入豬肉片充分揉勻靜置5分鐘。

2 調味料混合均勻備用。

3 平底鍋熱油，放入1的豬肉片開大火拌炒。炒到肉色稍微變白後，放入高麗菜、黃椒、蒜泥和薑泥略炒均勻。

4 倒入混合均勻的調味料用大火翻炒，豬肉炒熟後即可。因為餘熱會讓蔬菜過熟，請迅速盛盤上桌。

2人份

豬肉片 200g

醃醬

　醬油 1大匙

　日本酒 1大匙

　太白粉 1大匙

高麗菜（切塊） 1/4個份

黃椒（切滾刀塊） 2個份

食用油 2大匙

薑泥＊ 1大匙

蒜泥＊ 1大匙

調味料

　日本酒、味醂、醬油 各2大匙

　蠔油 2小匙

　豆瓣醬 1小匙

＊切末或用軟管包裝的泥醬皆可。

豬肉片

涮肉沙拉

在炎熱的季節做訓練,容易食慾不振,只想喝水。這時最適合吃份量十足的涮肉沙拉。

熱量	蛋白質	醣類
179 kcal	**17.5** g	**9.3** g

2人份

涮肉片

　豬肉片　150g

　鹽　少許

　太白粉　2大匙

小黃瓜(切絲)　1條份

番茄(切圓形薄片)　1個份

豆苗　1盒

柚子醋　適量

1 豬肉片撒上少許鹽、太白粉混合。

2 直接用手抓勻。

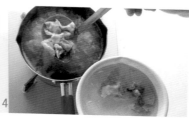

3 鍋中倒水煮開,沸騰後,將 2 的肉片一片片攤開放入熱水中。

4 再度煮沸後立刻撈起肉片放入冰水中冰鎮。完全變涼後撈出肉片瀝乾水分,擺放於蔬菜上方,淋入柚子醋即可。

豬肉片

糖醋肉

　　傳統糖醋肉的作法繁複且豬肉塊不易煮熟，若是改用豬肉片的話，只需一個平底鍋就能迅速完成。先備好調味料，烹調起來更順手。

熱量	蛋白質	醣類
468 kcal	23.2 g	35.8 g

2人份

豬肉片　200g

太白粉　1大匙

香蕉甜椒（切塊）*　2個份

黃椒（切塊）　2個份

紅蘿蔔（切滾刀塊）　1條份

洋蔥（一口大小）　1個份

食用油　2大匙

調味料

　醬油、味醂、醋、蜂蜜　各2大匙

水　180cc

＊淡綠色的細長形甜椒。也可用普通青椒或甜椒代替。

1　豬肉片撒上太白粉抓勻，拍除多餘的粉粒備用。

2　平底鍋熱油，放入所有蔬菜開大火快炒。

3　蔬菜炒熟後，放入1的豬肉炒散。

4　炒到豬肉變白後，倒入混合均勻的調味料和水。

5　裹在豬肉上的太白粉溶解變得濃稠後即可。

豬絞肉

味噌肉醬

對來自愛知縣的我而言，人生不能沒有味噌。味噌的健康功效廣受世界矚目。味噌肉醬可以拌飯、拌麵…。多吃味噌，讓身體由裡到外都美麗吧。

熱量	蛋白質	醣類
1073 kcal	69.3 g	53.8 g

※營養計算為總量的數字。

容易製作的份量

豬絞肉（瘦肉） 300g

大蔥蔥白（切末） 1根份

薑泥＊ 1大匙

蒜泥＊ 1大匙

豆瓣醬 1小匙

味噌 1大匙

醬油 2大匙

日本酒 2大匙

蜂蜜 2大匙

芝麻油 2大匙

＊皆可使用軟管包裝的醬泥。

1 平底鍋倒入芝麻油開中火加熱，放入蔥末炒香，注意不要燒焦。

2 飄出香味後放入豬絞肉，用木鏟一邊拌炒一邊炒至鬆散狀。

3 放入薑泥、蒜泥及其他調味料拌炒。

4 煮到水分收乾即可。放冷藏可保存5天。

麻婆豆腐

只要有味噌肉醬,備料繁多的麻婆豆腐也很簡單!雖然很下飯,但克制一下,多吃點豆腐吧。

熱量	蛋白質	醣類
589 kcal	38.3 g	30.7 g

2人份

嫩豆腐	1/2塊
味噌肉醬	74頁全部
水	250cc
太白粉	1小匙

1 從水中取出嫩豆腐瀝乾水分。

2 平底鍋放入味噌肉醬加水稀釋。開大火煮至沸騰後,放入切成大塊的嫩豆腐。

3 再次煮沸後,倒入加了等量水調開的太白粉水(份量外)勾薄芡。再次煮沸後即完成。

豬絞肉

法式肝醬

用簡易食譜挑戰店內的招牌法式肝醬。
以內臟和豬肉為主的運動菜色中加入菠菜
增加鐵質。

熱量 **1034** kcal　蛋白質 **127.6** g　醣類 **6.8** g

※營養數字為總量的數字。

容易製作的份量

法式肝醬

　豬絞肉（瘦肉）　300g

　菠菜（燙過）　100g

　雞肝（連著雞心）　300g

　紅酒　50cc

　雞蛋　1個

鹽　7g

胡椒　3g

蒜泥＊　1大匙

綠色沙拉、小番茄、芥末醬

＊可用軟管包裝的蒜泥醬。

1

2

1 菠菜切成段狀，放進食物調理機攪打成泥。

2 放入雞肝攪打。

3

4

3 加入紅酒、雞蛋、鹽、胡椒及蒜泥。

4 攪打成泥狀。

5

6

5 把4倒入豬絞肉中混合均勻。

▷ 如果是大型食物調理機，可倒入豬絞肉和4攪拌均勻。

6 混合後如照片中的狀態。

7 把6倒入耐熱容器中。用鋁箔紙包起來，放入預熱到200℃的烤箱中烤40分鐘。取出放涼至常溫後，放進冰箱冷藏1晚。

▷ 拿叉子插入中間有變熱的話就OK。後續透過餘熱燜熟肝醬。

8 隔天取出的肝醬。分切後，搭配蔬菜和芥末醬食用。

7

8

豬絞肉

肉丸

　再多都吃得下的肉丸,是增肌好幫手。多加點醋對消除疲勞也很有效喔。

熱量　491 kcal
蛋白質　25.8 g
醣類　18.6 g

2人份

肉丸料

　豬絞肉(瘦肉)　200g

　雞蛋　1個

　乾燥麵包粉　1大匙

　芝麻油　1大匙

　醬油　1大匙

　日本酒　1大匙

　薑泥*　1小匙

　蜂蜜　1小匙

太白粉　適量

食用油　3大匙

調味料

　番茄醬　2大匙

　醋　2大匙

　水　100cc

　醬油　2大匙

　蜂蜜　1大匙

＊可用軟管包裝的薑泥醬。

1　製作肉丸料。把絞肉放入調理盆中,倒入其他所有材料混合均勻。捏成一口大小滾圓後表面沾滿太白粉。

2　所有調味料混合均勻備用。

3　平底鍋熱油,放入肉丸一邊滾動一邊開中火均勻煎熟表面。當表面上色後取出備用。

4　全部煎完後倒掉平底鍋中的油,放回肉丸。再次開大火,倒入混合均勻的調味料。

5　煮到肉丸表面的太白粉融化變濃稠。續煮至湯汁充分收乾後試味道,盛入器皿中即可。

生鮮和加熱，蛋白質變性會影響到營養吸收嗎？

　　蛋白質在胃及十二指腸進行消化，在小腸內吸收。生鮮及加熱對蛋白質變性有什麼影響，細分成消化的作用和通過胃部的時間兩部分來看。

　　蛋白質不耐熱，一受熱形狀就會改變。肉片炒過後就會縮小變成茶褐色，雞蛋也會凝固。此為球狀的蛋白質鬆散開來的狀態。加熱後，和消化的接觸面積增加易於消化。像吃牛排時，全熟就比三分熟好消化。雞蛋則是熟蛋比生雞蛋好消化。在小腸吸收率的數據方面，生蛋是51～65%，熟蛋是91～94%。

●蛋白質的熱變性　示意圖

| 天然蛋白質 | 蛋白質開始變性 | 蛋白質變性結束 |

出處：「牛奶的50個為什麼+3」社團法人日本酪農乳業協會（現：一般社團法人J Milk）

　　生鮮食物比較快通過胃部。以吃魚來說，生魚片就比烤魚快。雞蛋因為蛋白和蛋黃的性質不同，比較複雜。生鮮狀態下蛋白和蛋黃混合的話，消化難以發揮作用因此不好消化。另外，像加油烹調的煎蛋或荷包蛋，或是水煮蛋等完全凝固的食物消化起來也比較費時。通過胃部的時間，以食用2個雞蛋來計算的話，得到的數據是半熟蛋1小時30分鐘，生蛋2小時30分鐘，煎蛋2小時45分鐘，全熟水煮蛋3小時。消化吸收率依個人而異，搭配的食物或身體狀況也是變數之一，該數據僅供參考。

　　由以上資料看來，以生鮮和加熱做比較，雖然加熱過的食物消化時間較長，但吸收率比生鮮食物高。可作為烹調方式的參考依據。

（山下圭子）

CHICKEN | 雞肉

雞腿肉

紐約街頭雞上飯

　　雞腿肉用坦都里式香料醃漬後烤熟，搭配薑黃飯一起食用。是紐約頗受歡迎的餐點。雖是道地美式街頭小吃，但可口的雞肉調味料調製得宜，相當適合運動員。配上生菜，能攝取到更均衡的營養。

熱量
770
kcal

蛋白質
31.8
g

醣類
68.0
g

4人份（照片為1人份）

雞腿肉（切成5cm丁狀）　300g×2片
醃醬
　無糖原味優格　150g
　檸檬汁　2大匙
　蒜泥　1大匙
　紅椒粉　1小匙
　孜然粉　1小匙
　醬油　2大匙
食用油　1大匙
淋醬*
　無糖原味優格　60g
　美乃滋　60g
　番茄醬　50g
　檸檬汁　2大匙
　鹽、胡椒　各少許
薑黃飯**
　米　2合***
　奶油　20g
　薑黃粉　1/2小匙
　鹽　1小撮
美生菜（切段）、小番茄（切半）

＊所有材料混合均勻。

＊＊電子鍋中放入洗好的米和內鍋建議水量，加入其它調味料按下開關煮飯。

＊＊＊日本是以180ml的量杯米稱為一合，而台灣一杯米約是100ml。請讀者自行調整份量。

1 調理盆中放入醃醬的全部材料。

2 用攪拌棒攪拌均勻。

3 雞腿肉切成5cm丁狀。

4 把3的雞腿肉放入2中拌勻，靜置約15分鐘醃漬入味。

5 冷鍋倒油放入擦乾水分的雞腿肉，排放時不要重疊，開大火煎熟。

6 煎到湯汁收乾後，倒入剩餘的醃醬，保持大火盡量煮乾水分。

7 準備淋醬。調理盆中倒入所有材料充分攪拌均勻。

8 薑黃飯盛入盤中，放上美生菜、番茄、6的雞腿肉後淋入7的醬汁。撒些Tabasco辣醬等一起吃也不賴。

雞腿肉

乾煎雞排佐香蔥醬

煎得酥脆的雞皮是法國人的最愛。放在
大量的油中半煎半炸，逼出油脂。小心不
要燙傷！可以蓋上鍋蓋直到油汁停止噴
濺。

熱量 **832** kcal　蛋白質 **51.4** g　醣類 **9.0** g

2人份（照片為1人份）

雞腿肉　300g×2片

食用油　4大匙

蔥油醬 *

　大蔥蔥白（切末）　1根份

　薑泥　1大匙

　蒜泥　1/2大匙

　日本酒　1大匙

　醋　2大匙

　蜂蜜　1大匙

　芝麻油　3大匙

　芝麻　1大匙

＊所有材料混合均勻備用。

1 冷鍋中倒油，雞腿肉雞皮朝下放
　入鍋中。

▷ 先熱鍋的話，雞腿在煎熟前就燒
　焦了。不須加鹽、胡椒。多花點
　時間充分逼出油脂吧。

2 開中火，煎的時候邊拿鍋鏟壓平
　使其均勻接觸鍋底，逼出皮下油
　脂。大約煎15分鐘。

3 當表皮呈現金黃色後翻面續煎約3
　分鐘。

4 熄火，取出雞腿肉靜置3分鐘利用
　餘熱加溫。

5 將煎到酥脆的雞腿肉切成一口大
　小。盛入器皿中，淋上蔥油醬即
　可。

雞翅

雞翅蒟蒻絲河粉

　　利用蒟蒻絲減少醣類攝取。以帶骨雞翅煮出美味湯頭。湯中含有豐富的咪唑二肽化合物，能消除疲勞，請喝得一滴不剩吧！

 熱量 **382** kcal
 蛋白質 **29.4** g
 醣類 **12.9** g

2人份（照片為1人份）

雞翅　10根

蒟蒻絲　200g

小番茄　6個

薑泥　1大匙

蒜泥　1小匙

魚露　2大匙

蜂蜜　1大匙

水　1公升

鹽、胡椒　各適量

香菜　適量

1　雞翅洗淨後放入鍋中。倒入薑泥、蒜泥、魚露、蜂蜜和水開大火加熱。

2　沸騰後轉小火一邊撈除浮渣和油脂一邊煮20分鐘。

3　蒟蒻絲用熱水燙過後瀝乾和小番茄一起放入 2 中煮約 3 分鐘。試味道，不夠的話再加鹽、胡椒。

4　盛入碗中，放上切細的香菜即可。

雞翅

醬燒雞翅和雞蛋

雞翅含有豐富的膠原蛋白，不僅增肌對美膚也有幫助。
一次多做一些，讓雞蛋入味就很好吃。

3人份

雞翅 9根

醬油調味蛋（→25頁） 6個

醬油 100cc

蜂蜜 2大匙

日本酒 80cc

薑泥 1大匙

水 180cc

1 雞翅和調味蛋盡量不要重疊地放入廣口
　鍋內，再倒入其他材料開大火加熱。

2 沸騰後轉小火慢慢燉煮到湯汁變少。

3 煮到醬汁變濃稠後即完成。盛入器皿中
　大快朵頤一番吧。

雞胸肉

叉燒風味
即食雞胸肉

每天吃原味雞胸肉已經吃膩了。這時用調味蛋的配方換一下口味吧。醃漬1晚就很入味，相當好吃。

熱量	蛋白質	醣類
385 kcal	70.9 g	8.4 g

2人份（照片為1人份）

雞胸肉 300g×2片

水 1公升

大蔥、薑片

（切段、切片） 各適量

鹽 6g

醃料

醬油 50cc

味醂 50cc

1 雞胸肉去皮，將肉和皮放入鍋中倒水。

2 放入蔥段和薑片，加鹽開火加熱。

3 沸騰後熄火，靜置放涼至常溫。即食雞胸肉完成。

4 把醃料倒入夾鏈袋內，放入雞胸肉擠出空氣，放進冰箱醃漬1晚以上。

南蠻雞胸肉

　我最喜歡的雞肉吃法。雖然熱量令人有點在意，但可當作密集訓練後犒賞自己的餐點。

 熱量 1020 kcal

 蛋白質 72.9 g

 醣類 23.5 g

1人份

雞胸肉　300g×1片

鹽、胡椒　各適量

麵衣

　（雞蛋1個、高筋麵粉適量）

食用油　3大匙

醬料＊

　醋　50cc

　醬油　50cc

　蜂蜜　2大匙

塔塔醬＊＊

　美乃滋　3大匙

　番茄醬　1大匙

　水煮蛋（切碎）　1個份

　洋蔥（切末）　60g

美生菜、黑胡椒

＊所有材料混合均勻備用。

＊＊所有材料混合均勻備用。

1 雞胸肉去皮，斜切成1cm厚的片狀，加鹽、胡椒調味。

2 平底鍋中倒入大量食用油加熱備用。

3 1的雞胸肉裹滿蛋液，沾取高筋麵粉，放入已熱鍋的平底鍋中。

4 開中火將雞胸肉雙面煎至金黃色。肉片煎熟後倒入醬料拌勻。

▷ 因為雞肉切成薄片狀，短時間內即可煎熟。

5 將4的雞胸肉盛入鋪上美生菜的盤中，淋上塔塔醬。撒上大量黑胡椒即完成。

雞絞肉

雞絞肉乾咖哩

　　可事先做好放冷凍保存，肚子有點餓時就能派上用場的即食餐點。也可以加入市售的綜合豆罐頭（水煮）。

熱量
617
kcal

蛋白質
49.4
g

醣類
53.0
g

※營養計算為不含米飯的數字。
請參閱第5頁自行加上。

2人份（照片為1人份）

乾咖哩

雞絞肉	400g
洋蔥	100g
紅蘿蔔	1條
青椒	4個
番茄	2個
薑泥	1大匙
蒜泥	1大匙
葡萄乾	2大匙
咖哩粉	2大匙
醬油	3大匙
蜂蜜	2大匙
番茄醬	2大匙
食用油	1大匙
鹽、胡椒	各適量

米飯或薑黃飯

1 洋蔥、紅蘿蔔、青椒和番茄放入食物調理機攪打成末狀。

2 平底鍋倒入食用油，放入1、薑泥、蒜泥和葡萄乾開小火充分炒勻。

3 在2中放入雞絞肉，用打蛋器或木鏟一邊攪散一邊拌炒。

4 當絞肉炒熟變白後，倒入咖哩粉、醬油、蜂蜜和番茄醬拌炒，再加鹽、胡椒調味。

5 盤中盛飯，淋上4的咖哩即可。

雞絞肉

打拋雞肉飯

　　愛吃異國料理的我非常喜歡這道食譜。依喜好放上大量香菜一起吃的話更健康。

熱量
693
kcal

蛋白質
59.6
g

醣類
28.6
g

※營養計算為不含米飯的數字。
請參閱第5頁自行加上。

2人份（照片為1人份）

打拋雞

　雞絞肉　400g

　薑泥　1大匙

　蒜泥　1大匙

　洋蔥（切成5mm小丁）　100g

　紅椒（切成5mm小丁）　2個份

　食用油　1大匙

　羅勒（切段）　8片份

　魚露　3大匙

　蜂蜜　2大匙

　蠔油　1大匙

　鹽、胡椒　各適量

米飯

荷包蛋　2個×2

1　平底鍋倒油，放入洋蔥、薑泥、蒜泥開小火炒香。

2　炒到飄出香味，洋蔥變透明後轉中火，放入雞絞肉和紅椒一邊炒散一邊拌炒。

3　雞絞肉炒熟後，倒入魚露、蜂蜜和蠔油，放入切成段狀的羅勒稍微拌炒。加鹽、胡椒調味後，即完成打拋雞。

4　盤中盛飯，倒入3放上荷包蛋即可。

雞絞肉

燒烤風味
雞肉漢堡

　味道清淡的雞絞肉漢堡，因
為要拌蛋黃一起吃，建議加重
調味。

熱量 468 kcal

蛋白質 51.0 g

醣類 15.1 g

2人份（照片為1人份）

漢堡料

　雞絞肉　400g

　薑泥*　1大匙

　醬油　1大匙

　太白粉　1小匙

　蛋白　1個份

食用油　1小匙

醬汁

　醬油　50cc

　味醂　50cc

　日本酒　50cc

青紫蘇　2片

蛋黃　2個份

＊也可用軟管包裝的薑泥醬。

1　雞絞肉加薑泥、醬油、太白
　　粉、1個蛋白，用手充分揉捏
　　做成漢堡餡。

▷　使用食物調理機的話，餡料間
　　會平均佈滿細緻的空氣，完成
　　後的漢堡料比較柔軟。

2　平底鍋倒油開中火加熱，放入
　　切成橢圓形的肉餡1煎熟。

3　雙面煎上色後倒入醬汁中的日
　　本酒、醬油和味醂煮滾。

4　煮到醬汁變濃稠後，盛入盤
　　中。上面放片青紫蘇，再打入
　　蛋黃即可。

雞肝

雞肝慕斯

　　熟食店「Table Ogino」中數一數二的熱賣
商品。添加大量紅酒去除雞肝的腥味。奶油含
量高，小心不要吃太多！

熱量	蛋白質	醣類
1542 kcal	39.0 g	38.1 g

※營養計算為總量的數字。
但是不含法國麵包。

容易製作的份量

慕斯

　雞肝＊　200g

　紅酒　100cc

　蜂蜜　2大匙

　奶油（回復至常溫切成小丁狀）　150g

　鹽　6g

　胡椒　少許

法國麵包（切薄片）　3片

＊雞肝稍微洗淨後瀝乾水分備用。

1 平底鍋中放入10g奶油（份量外）開中火加熱融解。放入雞肝轉大火翻面數次煎香煎上色。
▷ 煎成焦糖色的目的是去除雞肝腥味，增加香濃滋味。

2 雞肝表面充分煎上色。
▷ 內部夾生也沒關係！

3 熄火倒入紅酒和蜂蜜，再次開火轉大火熬煮到水分收乾。

4 熬煮到如照片所示。

5 把4放入食物調理機充分攪打成泥。

6 少量多次地放入奶油攪打。加鹽和胡椒。

7 打到如照片般滑順後，倒入保存容器中。拿起容器咚咚地向下輕敲以排出空氣，密封後放入冰箱冷藏。可搭配法國麵包一起品嘗。

雞肝

紅酒燉雞肝

熱量比雞肝醬低，多吃些補充鐵質吧。
加了胡椒相當美味。

 熱量
219 kcal

 蛋白質
19.2 g

 醣類
19.2 g

2人份

雞肝　200g

葡萄乾　1大匙

紅酒　150cc

蜂蜜　2大匙

鹽、胡椒　各適量

1 雞肝稍微洗淨瀝乾水分備
　 用。

2 鍋中放入雞肝、葡萄乾、
　 紅酒、蜂蜜、鹽和胡椒，
　 開中火燉煮到醬汁濃稠。

3 最後試味道，不夠的話再
　 加鹽、胡椒調味即可。

如何鍛鍊才見效？

　　健美的鍛鍊方法依苗條派和肌肉派而異。苗條派訓練的是慢縮肌（紅肌），肌肉派則是快縮肌（白肌）。簡單比較2種肌肉如下。

	苗條派 （慢縮肌：紅肌）	肌肉派 （快縮肌：白肌）
增大肌肉	無	有
主要部位	小腿、手腕	大腿、腹肌、二頭肌
專長	持久力	爆發力
能量代謝	有氧	無氧
	代謝醣類燃燒脂肪	代謝肌肉能量及產生的乳酸
適合的運動	馬拉松、慢跑	短跑、肌肉訓練
訓練方式	長時間低負荷	短時間高負荷

　　雖說兩種肌肉混合存在於人體中，但觀察運動選手的身體，就能知道哪個部位快縮肌比較多。肌肉壯大的多為快縮肌爆發力十足。如別名白肌所言，顏色較淺。另外，苗條型肌肉屬於慢縮肌持久力強，顏色偏紅。

　　用食物來比較肌肉的顏色則一目了然。雞肉中，雞胸肉是白肌（拍動翅膀的爆發力），雞腿肉則是紅肌（行走的持久力）。鱈魚及比目魚是白肌（快速游動的爆發力）、鮪魚及鰹魚等迴游性魚類是紅肌（不停游動的持久力）。紅肌的顏色是肌紅素含有鐵質。吸收運送到肌肉的氧氣形成能量，為持久力的來源。由此可知，重點在於選擇鐵質含量高的食材。

　　負荷、飲食及休息對肌肉的養成相當重要。因負荷造成損傷的肌肉，會長得比飲食和休息的大。尤其是接受高負荷訓練後，最好能休息2～3天，據說一週長跑3～4天有益於持久力的提升。因為肌肉須施加負荷才會成長，如「首先從腹肌開始」所言集中訓練的話，就能早日見到效果。

（山下圭子）

羊肉

成吉思汗烤肉

　　成立札幌分店時常去吃成吉思汗烤肉。連自己都很訝異居然吃下這麼多羊肉。秘密就在調味上。

熱量 561 kcal　蛋白質 35.6 g　醣類 28.3 g

2人份

羊肉（薄片）　300g

洋蔥（切扇形片）　1個份

高麗菜（切塊狀）　1/2個份

食用油　2大匙

醬料＊

　醬油　80cc

　蜂蜜　2大匙

　蠔油　2大匙

　薑泥　1大匙

　蒜泥　1大匙

　洋蔥　100g

　紅蘿蔔　100g

＊把醬料的材料放入果汁機攪打成泥狀備用。

1　平底鍋倒油，放入羊肉、洋蔥和高麗菜翻炒。

2　羊肉炒熟後，倒入醬料拌炒均勻，或是把醬料分裝在小碟內附上。

羊肉

辣烤羊小排

以牛肉來說的話就是里肌部位。雖說該部位肉質軟嫩鮮美，但總覺得有股羊騷味。這時就要借助香辛料去除羶味。

 熱量
581
kcal

 蛋白質
33.8
g

 醣類
3.3
g

2人份

羊小排 6根

醃醬

　無糖原味優格 2大匙

　檸檬汁 2大匙

　蒜泥 1小匙

　孜然粉 1/2小匙

　紅椒粉 1/2小匙

　香菜粉 1/2小匙

　醬油 1大匙

檸檬、香菜

1 醃醬的材料混合均勻，塗抹在羊小排上。不須靜置入味。

2 將1的羊小排緊密地排放在烘焙紙上。如果留下空隙肉片周圍容易烤焦。

3 把2放入200℃的烤箱中烤15分鐘。附上檸檬汁和香菜即可。

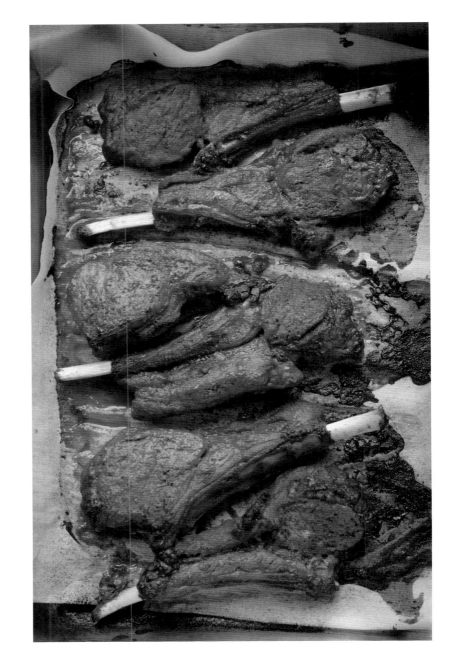

FISH | 魚

沙丁魚
沙丁魚馬鈴薯沙拉

沙丁魚和馬鈴薯非常對味。秋天到冬天的沙丁魚脂肪肥美相當好吃，再多都吃得下。但是，須留意不要吃太多馬鈴薯。帶酸的沙拉醬是美味關鍵。

熱量	蛋白質	醣類
425 kcal	13.2 g	24.8 g

2人份（照片為1人份）

沙丁魚（剖開） 2隻
馬鈴薯 2個
洋蔥（切末） 50g
美乃滋 2大匙
鹽、胡椒 各適量
沙拉醬 *
　　醋 2大匙
　　橄欖油 4大匙
　　鹽、胡椒 各適量

＊所有材料混合均勻備用。使用時再次攪拌均勻。

1 剖開的沙丁魚雙面撒上鹽、胡椒。放在烤盤上送進220℃的烤箱加熱6分鐘。

2 馬鈴薯放在餐巾紙上，拿噴霧器噴灑大量的水。

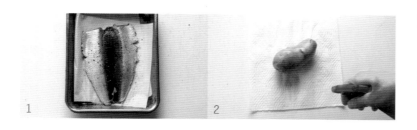

3 用保鮮膜包起2。放入600W的微波爐內加熱10分鐘。
▷ 能輕鬆地用竹籤刺穿即可。

4 取出馬鈴薯趁熱剝除外皮。
▷ 不要直著剝皮，橫向繞圈般地剝比較好去除。

5 將馬鈴薯放在調理盆中用叉子壓碎，加入洋蔥、美乃滋、鹽和胡椒調味。

6 把5盛入盤中，上面擺放1的沙丁魚、撒些胡椒，從上淋入沙拉醬即可。

試著用手
片開沙丁魚！

1 將沙丁魚片成1片。腹部朝上，手指伸入鰓蓋以扭轉的方式擰下魚頭。

2 手指伸入肛門往魚頭前進劃開腹部。

3 手指沿著魚背骨拉出內臟。先洗淨腹部擦乾水分。

4 大拇指伸進腹部往魚尾移動劃開。

5 手指伸入中骨上方分開半邊魚片。

6 剔除腹部彎曲的魚骨。

7 半邊魚片剔除魚骨的狀態。打開魚身。
▷ 會掉一點肉，但不用在意。

8 手指伸入另一邊魚片的中骨下方由尾部往頭部剔除魚骨。腹刺也要剔除。

9 取出中骨打開魚身成片狀。魚鰭邊的小刺也要清除乾淨。
▷ 避免食用時留在口中。

鯖魚

焗烤鯖魚番茄

鯖魚營養價值高,油脂含量比白肉魚高,滋味鮮美,是可當主菜的食材。搭配蔬菜做焗烤或燉煮的話,就能變化出多種菜色。

熱量
416
kcal

蛋白質
27.3
g

醣類
11.0
g

2人份

鯖魚(片成3片) 1片魚肉

小番茄(切半) 5個份

洋蔥(切絲) 1個份

橄欖油 2大匙

鹽、胡椒 各少許

起司絲 2大匙

1 剔除鯖魚身上的魚刺,切成一口大小,撒鹽、胡椒。

2 洋蔥以切斷纖維的方式切成細絲,放入淋了橄欖油的平底鍋加熱,以中火炒至呈焦糖色,加鹽、胡椒調味備用。

3 將2的洋蔥鋪在焗烤盤內,放上鯖魚和番茄,均勻撒入起司絲。

4 從上淋入橄欖油(份量外),放入220℃的烤箱烤20分鐘即可。趁熱享用吧。

秋刀魚

蒲燒秋刀魚丼飯

熱量	蛋白質	醣類
449 kcal	17.3 g	15.1 g

※營養計算為不含米飯的數字。
請參閱第5頁自行加上。

　雖說鰻魚太貴捨不得買，改用秋刀魚依然美味不減，而且比鰻魚的營養還均衡，是相當棒的選擇。以照燒方式烹調享用。換成沙丁魚或鯖魚也很好吃喔。

2人份（照片為1人份）

蒲燒秋刀魚

　　秋刀魚（片開）　2條

　　食用油　2大匙

　　醬油　4大匙

　　味醂　4大匙

　　日本酒　4大匙

　　太白粉　少許

米飯

山椒粉　少許

1 用菜刀切掉秋刀魚的魚頭。手指伸入腹部較薄的部位，用手劃開魚身，剔淨內臟和中骨分開魚身，清洗乾淨。（用手片魚）

2 擦乾水分雙面撒上太白粉拍除多餘粉粒。

3 平底鍋倒油加熱，放入秋刀魚，用小火煎至金黃色。煎上色後翻面。

4 雙面煎上色後倒掉油，醬油、味醂和日本酒混合均勻後倒入鍋中，轉中火煮到收汁。

5 醬汁煮至濃稠後，盛到米飯上。若是秋刀魚比較大片，可對半切開。依喜好撒上山椒粉享用。

鮪魚

漬鮪魚丼飯

　魚肉一經醃漬，就會流失水分體積縮小，並且鎖住鮮美滋味。不僅是鮪魚，青魽或白肉魚同樣能醃漬。混合各種海鮮製作也很棒。

熱量	蛋白質	醣類
174 kcal	30.3 g	2.0 g

※營養計算為不含米飯的數字。
請參閱第5頁自行加上。

2人份（照片為1人份）

鮪魚瘦肉（切丁） 200g

魩仔魚 2大匙

青紫蘇（切絲） 6片份

醃醬

　醬油 4大匙

　白芝麻 1大匙

　薑泥 1小匙

　蒜泥 1小匙

米飯

1 調理盆中倒入醃醬的材料攪拌均勻，放入鮪魚醃10分鐘。

2 碗中盛飯，鮪魚稍微擰乾醬汁後排在飯上。頂端再放上魩仔魚和青紫蘇即可。

鮪魚

黏黏丼飯

　眾所皆知黏稠的食材有益健康。富含水溶性膳食纖維也具有整腸功效。我也很愛吃黏稠的食物。雖說有失規矩，但全部混在一起超好吃。除了米飯外，也可以試著換成蕎麥麵或麵線。

熱量 **224** kcal　蛋白質 **33.0** g　醣類 **10.1** g

※營養計算為不含米飯的數字。
請參閱第5頁自行加上。

＊蔥花鮪魚碎肉

1 大蔥用菜刀縱向劃上幾刀從橫斷面切成末狀。鮪魚切碎。

2 拿菜刀再把蔥花和鮪魚剁得更細。

2人份（照片為1人份）

蔥花鮪魚碎肉＊

　鮪魚瘦肉（切末）　200g

　大蔥（切末）　30g

秋葵（切片）　3條份

山藥（切5mm小丁）　100g

納豆　1盒

海帶根　1盒

青紫蘇（切絲）　3片份

米飯

醬油　適量

1 碗中盛飯。

2 把蔥花鮪魚碎肉、秋葵、山藥、納豆和海帶根依配色擺在飯上。附上切細的青紫蘇增添香氣。

3 食用時再淋上醬油即可。

鮪魚
夏威夷生魚片

來自夏威夷的美味鮪魚吃法。放入美生菜或菊苣等葉菜類做成沙拉的話,份量十足。

熱量	蛋白質	醣類
332 kcal	20.1 g	7.3 g

2人份

鮪魚瘦肉(切塊) 150g

酪梨 1個

乾燥海帶芽 少許

小番茄(切半) 6個份

紫色洋蔥(切末) 50g

淋醬

　醬油 50cc

　芝麻油 1大匙

　山葵 少許

　白芝麻 1大匙

1 海帶芽加熱水泡開,充分瀝乾水分後備用。

2 酪梨縱向對半切開挖出果核,去皮切成小丁。

3 把淋醬的材料倒入調理盆中混合均勻,放入鮪魚、海帶芽、酪梨、小番茄和紫色洋蔥由下往上拌勻後即可盛盤。

鮪魚

酪梨鮪魚肉膾

　原本肉膾用的是生牛肉，不過換成鮪魚瘦肉也很好吃。加入鹽昆布調出不同風味。

熱量 **286** kcal

蛋白質 **17.2** g

醣類 **2.1** g

2人份

鮪魚瘦肉（切成3mm小丁）　100g

酪梨　1個

鹽昆布　少許

韓式辣椒醬　1小匙

芝麻油　1大匙

蛋黃　1個份

醬油　1大匙

1 酪梨縱向對半切開挖出果核，去皮切成小丁。

2 將所有材料放入調理盆中混拌均勻即可盛盤。

鹹鮭魚多利亞飯

　　鹹鮭魚既耐放，又能冷凍保存，是家庭必備的常備食材。不僅可煎烤，還能像培根般當成佐料提味，廣泛應用於各式料理上。

 熱量
533
kcal

 蛋白質
33.3
g

 醣類
33.1
g

2人份

鹹鮭魚（切片）　120g×2片

洋蔥（切絲）　50g

奶油　20g

高筋麵粉　20g

牛奶　150cc

白酒　50cc

米飯　100g

起司絲　1大匙

小番茄（切半）　4個份

鹽、胡椒　各適量

1　鹹鮭魚剝皮剔刺備用。
▷ 如果皮黏在魚肉上，可用湯匙刮除。

2　鍋中放奶油融解，放入洋蔥用中火炒到呈透明狀。

3　洋蔥炒軟後放入1的鹹鮭魚一邊壓散一邊翻炒。

4　鮭魚炒至鬆散後，放入高筋麵粉，維持中火略為拌炒。

5　高筋麵粉融解後再炒約1分鐘，倒入白酒開大火煮到收汁剩一半。

6　倒入牛奶，煮沸後轉小火續煮1分鐘。

7　煮到白醬呈濃稠狀。試味道，不夠的話再加鹽、胡椒調味。

8　焗烤盤內側抹上奶油（份量外）盛飯鋪平，放上小番茄，淋入7。

9　撒滿起司絲，放入240℃的烤箱中烤15分鐘即可。

鮭魚

鮭魚奶油起司抹醬小點

　　風味清爽的鮭魚碎肉抹醬。是相當方
便的派對餐點。要是怕吃太多麵包，可
以搭配蔬菜棒沾取食用，健康又美味。

熱量	蛋白質	醣類
449 kcal	**25.1** g	**2.8** g

※營養計算為總量的數字。
但是不含法國麵包。

容易製作的份量

鮭魚醬
　生鮭魚（切片）　100g
　奶油起司　60g
　酸豆　1大匙
　蒔蘿　3根
　鹽、胡椒　各適量
　檸檬汁　1大匙
法國麵包（薄片）　3片

1 鮭魚剔除魚刺用保鮮膜包起來放入微波爐
　（500w）加熱3分鐘。

2 把奶油起司放入食物調理機中攪拌軟化，再加入
　1的鮭魚、酸豆和蒔蘿攪打至滑順狀態。

3 最後加入鹽、胡椒和檸檬汁等調味料攪打均勻。
　倒入密閉容器中放涼凝固。附上法國麵包即可。

白肉魚

義式水煮魚

　歐洲沿海城市常見的菜色。
任何能生食的蔬菜皆可放入，
海鮮種類不拘。

熱量 **306** kcal

蛋白質 **26.1** g

醣類 **4.2** g

2人份

鱈魚（切片）　100g×2片

蝦仁　50g

蛤蜊（已吐沙）　80g

蘑菇（切半）　10個份

小番茄　5個

白酒　80cc

奶油（切丁）　40g

檸檬（圓形薄片）　2片

蒜頭（切片）　1瓣份

鹽、胡椒　各適量

1 在不沾平底鍋中塗上一層薄奶油
　（份量外），均勻放入蒜頭片，撒
　上鹽、胡椒，放進鱈魚片，周圍排
　放蝦仁、蛤蜊和蘑菇。

 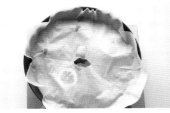

2 平均鋪滿小番茄、檸檬和奶油倒入
　白酒後開大火加熱。

3 沸騰後轉小火蓋上鍋中蓋，轉中火
　煮10分鐘即可。

白肉魚

泰式蒸魚

　　這裡使用的是鱸魚。任何一種白肉魚都適合。因為沒有腥味不用刻意挑選醬料。更換淋醬口味就能變化出多種菜色。也可以包上保鮮膜放入微波爐蒸熟。

熱量	蛋白質	醣類
162 kcal	28.3 g	1.0 g

2人份

白肉魚（切片） 100g×3片

鹽、胡椒 各適量

大蔥（蔥白切絲）＊ 1根份

泰式醬汁＊＊

　檸檬汁 1個份

　蒜泥 1小匙

　魚露 2大匙

　蜂蜜 1大匙

　辣椒粉 適量

　香菜（切末） 3根份

＊大蔥的蔥白部分切成細絲，泡水後瀝乾水分備用。

＊＊所有材料混合均勻備用。

1 白肉魚撒鹽、胡椒排放在盤子上，放入蒸鍋用中火蒸3分鐘。

2 從蒸鍋中取出，淋入泰式醬汁，擺上白蔥絲即完成。

白肉魚

蔬菜滿滿的油煎醃漬魚

熱量 390 kcal　蛋白質 28.4 g　醣類 13.1 g

　西式口味的南蠻漬。鮮魚種類不拘。用竹筴魚、白肉魚或紅肉魚都對味。
事先做好放冷藏保存不影響風味，因此可以多做一些備用。

2人份

鱈魚（切片）　100g×3片

洋蔥（切絲）　100g

紅蘿蔔（切絲）　80g

紅椒（切絲）　1個份

西洋芹（切薄片）　1根份

蒜頭（切片）　1瓣份

鹽、胡椒　各適量

高筋麵粉　少許

食用油　適量

醋　50cc

白酒　80cc

橄欖油　2大匙

1　鱈魚剔除魚刺切成一口大小，加鹽、胡椒調味均勻抹上一層高筋麵粉。

2　在平底鍋中倒入較多的油，以油炸的方式將 1 雙面煎香。煎上色後盛出放在廚房紙巾上吸油。

3　同時另取一鍋倒入橄欖油開中火炒香蒜頭。飄出香味後，放入所有蔬菜炒軟。

4　倒入白酒和醋煮滾，再煮3分鐘入味。

5　把剛煎好的鱈魚趁熱放進 4 中浸泡。靜置約20分鐘，可常溫或冷藏後食用。

干貝

生干貝薄片佐葡萄柚汁

　　海鮮加水果。雖是出乎意外的組合，但想到可代替檸檬增添酸味，就能理解了吧。使用酸味比甜味明顯的草莓或百香果等水果。

 熱量 163 kcal
 蛋白質 16.4 g
 醣類 12.8 g

2人份

干貝 6個

小番茄
（切成4等份的扇形片） 3個份

紫色洋蔥（切末） 1/2個

葡萄柚（紅色） 1個份

橄欖油 1大匙

芥末醬 1小匙

鹽、胡椒 各適量

1 干貝瀝乾水分橫切成薄片狀。排入盤中，撒上鹽、胡椒。

2 葡萄柚去皮挖出果肉切成適口大小，放在干貝上。

3 上面再鋪上小番茄和紫色洋蔥。

4 從葡萄柚剩下的果囊擠出1大匙果汁。果汁加芥末醬和橄欖油混合均勻，從上淋入 3 即可。

干貝

生干貝薄片淋熱醬汁

　雖說生吃也不賴，但略為加熱
能引出鮮甜滋味，帶來不同口
感。只要淋上熱醬汁就好，算是
省時輕鬆的菜色。

熱量
162
kcal

蛋白質
15.8
g

醣類
4.0
g

2人份

干貝　6個

醬汁

　芝麻油　2大匙

　魚露　1大匙

　蒜頭（切末）　1片份

　香菜（切末）　3根份

　紫色洋蔥（切末）　1/2個份

　檸檬汁　1個份

1 干貝瀝乾水分橫切成薄片狀，排
　入盤中。

2 製作醬汁。芝麻油加入其他材料
　攪拌均勻，倒入鍋中加熱。

3 2煮滾後，趁熱淋入1即可。

焗烤蝦仁綠花椰

　　鮮蝦一經加熱就會帶出香氣相當美味。還放了起司
增加蛋白質含量。加小番茄一起烤更好吃。

熱量
112
kcal

蛋白質
12.4
g

醣類
4.3
g

2人份

蝦仁 80g

綠花椰（切小朵） 80g

牛奶 100cc

太白粉 少許

起司絲 2大匙

鹽、胡椒 各適量

橄欖油 1大匙

1 鍋中倒水煮滾，加入少許鹽，放入綠花椰煮約40秒。

2 再次煮滾後，放入蝦仁。

3 水再次沸騰後，撈出綠花椰和蝦仁放入濾籃瀝乾水分。

4 鍋中倒入牛奶開火加熱。煮滾後轉小火倒入太白粉水。

5 用橡皮刮刀一邊攪拌一邊加熱，煮到如照片般濃稠後，加鹽、胡椒調味。

▷ 用刮刀撈起時醬汁呈緩慢滴落狀即可。

6 把綠花椰和蝦仁平均鋪在焗烤盤內。

7 淋入5，撒上起司絲。繞圈淋入橄欖油，放入220℃的烤箱中烤15分鐘即完成。

鮮蝦

蝦仁白花椰含羞草沙拉

　　鮮蝦美乃滋沙拉雖是常見的小菜，但加了花椰菜和水煮蛋，既提升份量營養也均衡。也可換成綠花椰或蘆筍。

熱量
218
kcal

蛋白質
14.9
g

醣類
1.9
g

2人份

蝦仁　80g

花椰菜（切小朵）　80g

水煮蛋（→20頁）　2個

美乃滋　2大匙

鹽、胡椒　各適量

1　蝦仁和花椰菜放入煮沸的熱水中迅速汆燙後撈起瀝乾水分。燙花椰菜請保有稍硬的口感。

2　水煮蛋用手捏碎（→26頁・含羞草沙拉）後放入調理盆中。放入1的蝦仁和花椰菜混合均勻。加美乃滋、鹽和胡椒調味即可。

跨越三世代

　我想大家都很清楚蛋白質對發育期的孩子相當重要。俗話說「一眠大一寸」。要好好利用在夜晚時分泌達到高峰期的生長激素。

　在發育期為了瘦身過度節食減肥會造成問題。女性的話可能導致停經、生理作息紊亂。建議重新審視飲食和訓練的內容，視情況到醫療機關諮詢就診。

　近年來「高齡者也需要蛋白質」的觀念深入人心。打破「老年人愛吃魚勝過肉類」的昔日論調，我覺得其實有很多人愛吃肉。蛋白質會引起熱烈討論，源自肌力減退會降低QOL（生活品質）。

　人體最大的肌肉群是股內側肌。肌力也是從這裡開始減退。試著感受一下從椅子上站起來時，是哪邊在出力。站不起來的話，就無法自行如廁。一旦肌力減退，摔倒的風險也會跟著增加。另外，飲食時也會用到喉嚨或舌頭的肌肉。突然噎到也是肌力減弱造成的。如同全身肌肉量的分佈比例，腿部肌力一減退，喉嚨或舌頭的肌力也跟著下降。

　復健或鍛鍊肌肉的效果，與年齡無關。無論何時開始都有成效。我認為要維持並提升QOL，健美訓練對高齡者也很重要。

　在精力充沛的壯年時期，忙於工作育兒且尚無自覺症狀，不太有機會檢視自己的身體狀況。正常生活的話，肌肉會在20多歲時達到巔峰並開始衰退。雖然很難感覺得到，但負責消化吸收食物的內臟也屬於肌肉。健美訓練也能鍛鍊到身體內部。

（山下圭子）

●20歲起的肌肉量變化率

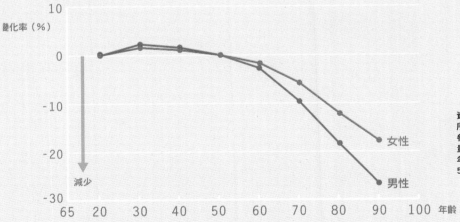

資料提供：再春館製藥所股份有限公司
參考書籍：日本人肌肉量的老化特點／日本老年醫學2010：（47）52-57

SOYBEAN/TOFU 黃豆・豆腐

熱量	蛋白質	醣類
311 kcal	17.3 g	9.0 g

水煮

辣豆醬拌臘腸

　　國外有很多美味豆類的作法，當中也有像辣豆醬般烹調簡單且方便食用的菜色。味道調得重些，就是很棒的三明治餡料。

2人份

水煮黃豆　200g

西式香腸

　（切成5mm厚的圓片）　3條份

洋蔥（切丁）　100g

蒜泥　1小匙

辣椒粉　1小匙

番茄汁　200cc

鹽、胡椒　各適量

橄欖油　1大匙

1　鍋中倒入橄欖油放入蒜頭和洋蔥轉小火拌炒。

2　炒到洋蔥呈透明狀後放入瀝乾水分的水煮黃豆、番茄汁、西式香腸及辣椒粉。

3　加鹽、胡椒調味，轉中火煮到水分快收乾即可。

水煮

摩洛哥風黃豆沙拉

重點就在加了大量檸檬、蒜頭和洋香菜。原本是用鷹嘴豆，這裡換成蛋白質含量豐富的黃豆來提升活力！

 熱量 **261** kcal
 蛋白質 **8.7** g
 醣類 **13.7** g

2人份（照片為1人份）

水煮黃豆　100g

小黃瓜（切成5mm小丁）　1條份

紫色洋蔥（切成5mm小丁）　1個份

紅椒（切成5mm小丁）　1個份

西洋芹（切成5mm小丁）　1根份

檸檬汁　1個份

蒜泥　1小匙

鹽、胡椒　各適量

橄欖油　3大匙

洋香菜（切末）　1大匙

1 調理盆中放入切好的蔬菜和水煮黃豆。

2 加入其他所有材料攪拌均勻即可。

水煮

香辣黃豆湯

　以黃豆入菜容易流於滋味單調。這時可借助香辛料的力量。嗜食辣者多放點辣椒也很好吃。只要有這道湯品就是營養均衡的一餐。

熱量
369
kcal

蛋白質
14.4
g

醣類
8.7
g

2人份（照片為1人份）

水煮黃豆　150g

培根（切成5mm小丁）　50g

洋蔥（切成5mm小丁）　100g

西洋芹（切成5mm小丁）　50g

蒜頭（切末）　1瓣份

辣椒粉　1小匙

水　100cc

番茄汁　200cc

鹽、胡椒　各1小撮

橄欖油　2大匙

1　鍋中倒橄欖油放入蒜頭用小火炒香。

2　飄出香味後，放入培根、洋蔥和西洋芹拌炒。

3　稍微炒軟後，加辣椒粉、黃豆，倒入水和番茄汁，轉大火煮沸。

4　沸騰後轉小火燉煮15分鐘。水分減少的話，請加水（份量外）直到蓋過蔬菜。加鹽、胡椒調味即可。

豆腐

生菜佐豆腐沾醬

　　應該有不少人對美乃滋心懷罪惡感吧。不過這道沾醬是以豆腐為基底因此不用擔心。加點水稀釋的話也可當成凱撒沙拉醬。

熱量
329 kcal

蛋白質
7.8 g

醣類
1.8 g

※營養計算僅為豆腐沾醬的數字。

容易製作的份量

豆腐沾醬
　板豆腐　150g
　蒜泥　1小匙
　醋　2大匙
　橄欖油　4大匙
　帕馬森起司　2大匙
　鹽、胡椒　各適量
新鮮蔬菜（西洋芹、紅椒、紅葉萵苣、紅球菊苣、小番茄、褐色蘑菇、紅蘿蔔、蕪菁等）

1　製作豆腐沾醬。將所有沾醬的材料放入果汁機中攪打均勻。

2　蔬菜切成適口大小，附上沾醬即可。

PROFILE

荻野伸也 (Ogino Shinya)

1978 年出生於愛知縣。

2007年在東京池尻開設「法式餐廳OGINO」。之後,以該店人氣商品「法式鄉村肉醬」為主商品展開網路商店業務。另外,在關東地區成立OGINO餐廳的副牌「TABLE OGINO」,以速食的概念提供慢食餐點。

從小參加足球隊等,非常喜愛運動。30歲開始參加長距離鐵人三項比賽。同時也是衝浪愛好者。主要著作有《運動主廚的雞胸肉食譜》(柴田書店出版)、《熟食冷肉教材》《TABLE OGINO的蔬菜料理200》《水果入菜》(瑞昇文化中文版)、《TABLE OGINO的熟食沙拉》(世界文化社出版)等。

OGINO餐廳
東京都世田谷区池尻2-20-9
電話 050-3184-0976

營養指導 · 營養計算

山下圭子 (Yamashita Keiko)

福岡女子大學畢業後,師事料理研究家村上祥子女士。

目前任職於福岡市日立博愛Human Support公司的「PHILANSOLEIL 笹丘收費養老院」。至今在《野崎先生的豐盛減肥食譜》《運動主廚的雞胸肉食譜》(均由柴田書店出版)等書中寫過專欄。本書中以淺顯易懂的文章講解「飲食與肌肉」的重要性,來維持與提升QOL(生活品質)。

參考書籍:《原著第24版Harper's生物化學》上代淑人監譯 丸善株式會社

TITLE

運動主廚X營養師 高蛋白增肌料理

STAFF

出版	瑞昇文化事業股份有限公司
作者	荻野伸也
譯者	郭欣惠
監譯	高詹燦
總編輯	郭湘齡
文字編輯	徐承義 蔣詩綺 李冠緯
美術編輯	孫慧琪
排版	二次方數位設計
製版	明宏彩色照相製版股份有限公司
印刷	龍岡數位文化股份有限公司
法律顧問	經兆國際法律事務所 黃沛聲律師
戶名	瑞昇文化事業股份有限公司
劃撥帳號	19598343
地址	新北市中和區景平路464巷2弄1-4號
電話	(02)2945-3191
傳真	(02)2945-3190
網址	www.rising-books.com.tw
Mail	deepblue@rising-books.com.tw
本版日期	2019年5月
定價	350元

ORIGINAL JAPANESE EDITION STAFF

撮影	天方晴子
デザイン	矢内 里
編集	佐藤順子

國家圖書館出版品預行編目資料

運動主廚x營養師:高蛋白增肌料理 /
荻野伸也作;郭欣惠譯. -- 初版. -- 新北
市:瑞昇文化, 2019.01
120 面;18.8x25.7公分
ISBN 978-986-401-306-7(平裝)

1.食譜 2.營養學 3.蛋白質

427.1   107023019